"十四五"职业教育国家规划教材

普通高等教育"十一五"国家级规划教材　修订版

高等职业教育系列教材

关系数据库与 SQL Server（2019 版）

主　　编　段利文　龚小勇

副主编　罗　文　陈　竺　杨秀杰

参　　编　胡永书　廖先琴　李　萍　陈杏环

机械工业出版社

本书是普通高等教育"十一五"国家级规划教材《关系数据库与 SQL Server 2005》的第 3 次修订版和升级版。

本书运用辩证思维、战略思维、创新思维、法治思维、系统思维、底线思维等科学思维方式，以适应职业岗位技能要求和行业需求、培育学生的信息素养和数据安全意识为目标进行编写。通过"学生成绩管理系统"案例，以项目任务为载体，以数据库应用程序的开发技能为主线，全面、系统地介绍了关系数据库的基本原理和 SQL Server 2019 数据库应用系统的开发技术。全书共 12 个模块，包括：认识关系数据库、安装和配置数据库、创建和管理数据库、创建和管理数据表、查询数据、创建与管理视图和索引、创建规则和默认值、T-SQL 编程与应用、创建存储过程和触发器、数据库安全管理、维护与管理数据库以及综合应用实例。每个模块不仅包括导航引领、知识目标、能力目标、项目和任务等内容，还以类型丰富的习题和课外实践的形式配备了大量的来自工程实践领域的应用实例。

本书可作为高职高专院校和职业本科电子信息大类及相关专业的数据库技术教材，也可供 SQL Server 数据库应用系统开发人员参考。

本书配有授课电子课件、习题答案，需要的教师可登录 www.cmpedu.com 免费注册、审核通过后下载，或联系编辑索取（微信：15910938545，电话：010-88379739）。

图书在版编目（CIP）数据

关系数据库与 SQL Server：2019 版 / 段利文，龚小勇主编. —北京：机械工业出版社，2021.8（2024.9 重印）

高等职业教育系列教材

ISBN 978-7-111-68614-9

Ⅰ. ①关… Ⅱ. ①段… ②龚… Ⅲ. ①关系数据库系统-高等职业教育-教材 Ⅳ. ①TP311.138

中国版本图书馆 CIP 数据核字（2021）第 133828 号

机械工业出版社（北京市百万庄大街 22 号　邮政编码 100037）
策划编辑：王海霞　　责任编辑：王海霞　陈崇昱
责任校对：张艳霞　　责任印制：常天培

北京机工印刷厂有限公司印刷

2024 年 9 月第 1 版·第 6 次印刷
184mm×260mm·15 印张·365 千字
标准书号：ISBN 978-7-111-68614-9
定价：65.00 元

电话服务　　　　　　　　　　　　　　网络服务

客服电话：010-88361066　　　　　　　机 工 官 网：www.cmpbook.com
　　　　　010-88379833　　　　　　　机 工 官 博：weibo.com/cmp1952
　　　　　010-68326294　　　　　　　金 书 网：www.golden-book.com
封底无防伪标均为盗版　　　　　　　机工教育服务网：www.cmpedu.com

关于"十四五"职业教育
国家规划教材的出版说明

为贯彻落实《中共中央关于认真学习宣传贯彻党的二十大精神的决定》《习近平新时代中国特色社会主义思想进课程教材指南》《职业院校教材管理办法》等文件精神，机械工业出版社与教材编写团队一道，认真执行思政内容进教材、进课堂、进头脑要求，尊重教育规律，遵循学科特点，对教材内容进行了更新，着力落实以下要求：

1. 提升教材铸魂育人功能，培育、践行社会主义核心价值观，教育引导学生树立共产主义远大理想和中国特色社会主义共同理想，坚定"四个自信"，厚植爱国主义情怀，把爱国情、强国志、报国行自觉融入建设社会主义现代化强国、实现中华民族伟大复兴的奋斗之中。同时，弘扬中华优秀传统文化，深入开展宪法法治教育。

2. 注重科学思维方法训练和科学伦理教育，培养学生探索未知、追求真理、勇攀科学高峰的责任感和使命感；强化学生工程伦理教育，培养学生精益求精的大国工匠精神，激发学生科技报国的家国情怀和使命担当。加快构建中国特色哲学社会科学学科体系、学术体系、话语体系。帮助学生了解相关专业和行业领域的国家战略、法律法规和相关政策，引导学生深入社会实践、关注现实问题，培育学生经世济民、诚信服务、德法兼修的职业素养。

3. 教育引导学生深刻理解并自觉实践各行业的职业精神、职业规范，增强职业责任感，培养遵纪守法、爱岗敬业、无私奉献、诚实守信、公道办事、开拓创新的职业品格和行为习惯。

在此基础上，及时更新教材知识内容，体现产业发展的新技术、新工艺、新规范、新标准。加强教材数字化建设，丰富配套资源，形成可听、可视、可练、可互动的融媒体教材。

教材建设需要各方的共同努力，也欢迎相关教材使用院校的师生及时反馈意见和建议，我们将认真组织力量进行研究，在后续重印及再版时吸纳改进，不断推动高质量教材出版。

机械工业出版社

Preface
前　言

　　本书是中国特色高水平高职学校信息安全与应用高水平专业群（"双高"专业群）平台核心课程配套教材，是校级精品课程配套教材，由国家级教学创新团队与企业工程师联合编写的模块化、融媒体教材。

　　为适应数据库技术的创新应用与发展趋势，自《关系数据库与 SQL Server 2000》于2004 年 3 月出版之后，在此基础之上不断完善和更新升级，相继出版了《关系数据库与 SQL Server 2005》《关系数据库与 SQL Server 2008 第 2 版》《关系数据库与 SQL Server 2012 第 3 版》，本书为第 4 次修订。本书前 4 版被众多职业院校选用并受到广大师生好评，其中《关系数据库与 SQL Server 2005》被评为普通高等教育"十一五"国家级规划教材。

本书结构

　　党的二十大报告指出，培养造就大批德才兼备的高素质人才，是国家和民族长远发展大计。本书秉承"运用科学思维方式、夯实理论基础、提升数据处理能力"的编写理念，将全书分成 12 个模块，每个模块由导航引领、知识目标、能力目标、项目任务、课堂实践、课后练习和课外实践等部分构成。

　　模块 1 为认识关系数据库，使读者掌握数据库系统的基本概念和特点，能构建 E-R 概念模型、设计关系数据模型、实现关系的完整性和规范化关系数据模型。

　　模块 2 为安装和配置数据库，使读者能安装和配置 SQL Server 2019、使用 SQL Server 2019 的常用管理工具。

　　模块 3 为创建和管理数据库，使读者能创建、修改、删除、查看、分离和附加数据库。

　　模块 4 为创建和管理数据表，使读者能创建和修改数据表、设置表约束、管理表中数据、创建数据库关系图。

　　模块 5 为查询数据，使读者能进行数据简单查询、汇总查询、连接查询和子查询。

　　模块 6 为创建与管理视图和索引，使读者能创建和管理视图、通过视图管理数据表中数据、创建和管理索引。

　　模块 7 为创建规则和默认值，使读者能创建和应用规则、创建和应用默认值。

　　模块 8 为 T-SQL 编程与应用，使读者能灵活使用常用函数，并编写简单的程序。

　　模块 9 为创建存储过程和触发器，使读者能创建和管理存储过程、创建和管理触发器。

　　模块 10 为数据库安全管理，使读者能创建 SQL Server 登录名、创建数据库用户、为登录名分配服务器角色。

模块 11 为维护与管理数据库，使读者能对数据库进行备份和还原、导入和导出数据库中的数据。

模块 12 以客户管理系统作为综合应用实例，使读者能进行需求分析、系统结构设计、数据库连接和界面设计。

本书特色

第一，以科学思维方式为引领，采用"教学管理系统"中的学生成绩管理数据库为示例数据库，以项目导向、任务驱动，循序渐进、深入浅出地介绍了数据库应用技术。

第二，根据数据库管理人员和数据库应用开发工程师等职业岗位的技能要求和行业需求，参考职业能力认证要求和培训内容进行编写，汇集了一些新颖的方法和技巧，凝聚了编者多年从事数据库教学和系统开发的心得体会。相信通过本书的学习，读者一定能够熟练掌握并能灵活运用 SQL Server 2019 软件，初步具备开发有一定实用价值数据库应用系统的能力。

第三，根据数据库应用系统开发的工作流程来组织和编写教学内容（即项目和任务），具体如下图所示。

第四，书中的每个模块都配有大量来自工程实践领域的应用实例、类型丰富的习题和课外实践题目，以巩固和提升学生的信息素养与数据分析综合运用能力。

教学建议

1）本课程的学时数建议为 64~68 学时，理论与实践相结合，上机实践操作时间至少50%。

序号	模块名称	学时分配	序号	模块名称	学时分配
模块 1	认识关系数据库	6	模块 7	创建规则和默认值	4
模块 2	安装和配置数据库	2	模块 8	T-SQL 编程与应用	4
模块 3	创建和管理数据库	4	模块 9	创建存储过程和触发器	8
模块 4	创建和管理数据表	10	模块 10	数据库安全管理	2
	习题课	2	模块 11	维护与管理数据库	2
	上机测验	2		总复习	2
模块 5	查询数据	12		综合考核	2
模块 6	创建与管理视图和索引	6		总学时	68

2）建议采用问题引入、任务驱动、自主学习相结合的教学方法。

3）课程考核应侧重于应用能力的评价，主要采用过程考核与综合考核相结合的方式，建议考核分值各占 50%，其中，过程考核主要包括对课堂提问、课堂练习、上机实践作业、课外作业、课外实践、出勤情况等环节的评价。综合考核主要以一个具体的案例从以下几个方面进行考核：设计和创建数据库、设计和创建数据表、维护数据完整性、检索数据、创建和应用存储过程、创建和应用触发器、创建登录名和数据库用户、分配角色和设置权限等。

课程资源

本书提供了与教学配套的微课视频、课后习题答案、课外实践答案、教学课件 PPT、案例源代码，请读者到机械工业出版社网站www.cmpedu.com下载。

本书配套在线课程网址为 https://www.xueyinonline.com/detail/215451301。

结束语

本书由重庆电子工程职业学院段利文和龚小勇主编，龚小勇负责全书的统筹规划、思政元素挖掘，并编写了模块 1；段利文负责全书的整体设计、统稿和审校，思政元素挖掘和设计，并编写模块 3、模块 4、模块 5、模块 10（部分）、模块 11（部分）；罗文编写模块 2 和模块 10（部分）；陈竺编写模块 8（部分）、模块 9（部分），负责配套资源的整理；杨秀杰编写模块 6 和模块 7；重庆市宏业科技有限公司的软件项目开发高级工程师胡永书编写模块 12；廖先琴编写模块 8（部分）；李萍编写了模块 9（部分）；陈杏环编写了模块 11（部分）。

由于编者水平所限，书中难免存在错漏之处，敬请读者批评指正，在此表示诚挚和谢意。

编 者

二维码资源清单

目 录 Contents

模块 3／创建和管理数据库 ································ 46

模块 4／创建和管理数据表 ································ 64

模块 5 ／ 查询数据 ······················· 87

模块 6　创建与管理视图和索引 …………… 109

模块 7　创建规则和默认值 ……………… 127

模块 8 　 T-SQL 编程与应用 ……………………134

模块 9 　 创建存储过程和触发器 ………………………153

模块 10 数据库安全管理 ······················· 171

模块 11 / 维护与管理数据库 ·················· 198

模块 12 / 综合应用实例 ·················· 208

认识关系数据库

【项目内容】

- 认识数据库系统
- 构建 E-R 概念模型
- 设计关系数据模型
- 实现关系的完整性
- 规范化关系数据模型

【导航引领】

用系统思维方式认识数据库系统，进而学习如何构建概念模型和将概念模型转化为关系数据模型、如何应用完整性规则和规范化关系数据模型，初步认识数据库内在的关联性与耦合性，实现数据安全和数据高效应用。

【知识目标】

- 了解数据、数据库、数据库管理系统的概念
- 认识建立 E-R 概念模型的基本方法
- 掌握将 E-R 概念模型转化成关系数据模型的方法
- 熟知关系的完整性规则
- 掌握关系的规范化

【能力目标】

- 会绘制 E-R 图
- 会将 E-R 图转化成关系数据模型
- 会规范化关系数据模型

项目 1.1　认识数据库系统

数据库系统涉及很多基本概念，作为数据库系统的初学者，有必要从一些最基本的概念开始学习。这里先介绍数据库系统相关的基本概念。其他概念将根据需要在后续相应模块中介绍。

任务 1.1.1　了解基本概念

1. 数据

数据（Data）是数据库中存储的基本对象。数据在大多数人头脑中的第一印象就是数字。其实，数字只是最简单的一种数据，是数据的一种传统和狭义的理解。从广义上理解，数据的种类很多，文字、图形、图像、声音、学生的档案记录、货物的运输情况等都是数据。

可以对数据做如下定义：描述事物的符号记录称为数据。描述事物的符号可以是数字，也可以是文字、图形、图像、声音、视频等，数据有多种表现形式，它们都可以经过数字化后存入计算机。

为了解世界、交流信息，人们需要描述这些事物。在日常生活中直接用自然语言（如中文）描

述。在计算机中，为了存储和处理这些事物，就要选择出这些事物的特征组成一个记录来描述。例如：在学生档案中，如果人们最感兴趣的是学生的姓名、性别、年龄、出生年月、籍贯、所在系别、入学时间，那么可以这样描述：（李明，男，18，2002，重庆，数字媒体学院，2020）。

这里的学生记录就是数据。对于上面这条学生记录，了解其含义的人会得到如下信息：李明是个大学生，2002 年出生，男，重庆人，2020 年考入数字媒体学院；而不了解其语义的人则无法理解其含义。可见，数据的形式还不能完全表达其内容，需要经过解释。所以数据和数据的解释是不可分的，数据的解释是指对数据含义的说明，数据含义即为数据的语义，数据与其语义是不可分的。

2. 数据库

顾名思义，数据库（DataBase，DB）是存放数据的仓库。只不过，这个仓库是在计算机存储设备里的，且数据是按一定的格式存放的。

在科学技术飞速发展的今天，人们的视野越来越广，数据量急剧增加。过去，人们把数据存放在文件柜里，现在人们借助计算机的数据库技术科学地保存和管理大量复杂的数据，以便能方便而充分地利用这些宝贵的信息资源。

所谓数据库，是长期存储在计算机内、有组织的、可共享的数据集合。数据库中的数据按一定的数据模型组织、描述和存储，具有较小的冗余度、较高的数据独立性和易扩展性，并可为各种用户共享。

3. 数据库管理系统

既然数据库能存放数据，人们自然就会提问：数据库是如何科学地组织和存储数据，并高效地获取和维护数据的呢？为此，人们开发了一个称为数据库管理系统（DataBase Management System，DBMS）的软件。

数据库管理系统是位于用户与操作系统之间的一层数据管理软件。它的主要功能包括以下几个方面。

（1）数据定义功能

DBMS 提供数据定义语言（Data Definition Language，DDL），用户可以通过 DDL 方便地对数据库中的数据对象进行定义。

（2）数据操纵功能

DBMS 还提供数据操纵语言（Data Manipulation Language，DML），用户可以使用 DML 操纵数据实现对数据库的基本操作，如查询、插入、删除和修改等。

（3）数据库的运行管理

数据库在建立、运用和维护时由数据库管理系统统一管理、统一控制，以保证数据的安全性、完整性、多用户对数据的并发使用及发生故障后的系统恢复。

（4）数据库的建立和维护功能

它包括数据库初始数据的输入、转换功能，数据库的转储、恢复功能，数据库的重组织功能和性能监视、分析功能等。这些功能通常由一些实用程序完成。

数据库管理系统是数据库系统的一个重要组成部分。

4. 数据库系统

数据库系统（DataBase System，DBS）是指在计算机系统中引入数据库后的系统构成，一般由硬件、软件（操作系统、数据库管理系统、开发工具、数据库应用系统等）、数据库管理员和用户构成。应当指出的是，数据库的建立、使用和维护等工作只靠 DBMS 远远不够，还要有专门的人员，这些人被称为数据库管理员（DataBase Administrator，DBA）。

在不引起混淆的情况下，常常把数据库系统简称为数据库。

数据库系统的层次可以用如图 1-1 所示的示意图来表示。

图 1-1　数据库系统层次示意图

任务 1.1.2　了解数据库系统的特点

与人工管理和文件系统相比，数据库系统主要有以下特点。

1. 数据结构化

数据结构化是数据库与文件系统的根本区别。

在文件系统中，相互独立的文件记录内部是有结构的。传统文件的最简单形式是等长同格式的记录集合。例如：一个学生人事记录文件，每个记录都有如表 1-1 所示的记录格式。

表 1-1　学生人事记录

学号	姓名	性别	系别	年龄	政治面貌	家庭成员	奖惩情况

在文件系统中，尽管记录内部已有某些结构，但记录之间没有联系。

数据库系统可以实现整体数据的结构化，这是数据库的主要特征之一，也是数据库系统与文件系统的本质区别。

在数据库系统中，数据不再针对某一应用，而是面向全组织，具有整体的结构化；而且存取数据的方式也很灵活，可以存取数据库中的某一个数据项、一组数据项、一个记录或一组记录。而在文件系统中，数据的最小存取单位是记录。

2. 数据的共享性高，冗余度低，易扩充

数据库系统从整体角度描述数据，数据不再面向某个应用而是面向整个系统，因此数据可以被多个用户、多个应用共享使用。数据共享可以极大减少数据冗余，节约存储空间。数据共享还能够避免数据之间的不相容性与不一致性。

数据的不一致性是指同一数据不同副本的值不一样。采用人工管理或文件系统管理时，由于数据被重复存储，当不同的应用使用和修改不同的副本时就很容易造成数据的不一致。在数据库中实现数据共享，减少了数据冗余造成的不一致现象。

由于数据面向整个系统，是结构化的，不仅可以被多个应用共享使用，而且容易增加新的应用，这就使得数据库系统弹性大，易于扩充，可以适应各种用户要求。可以取整体数据的各种子集应用于不同的系统，当应用需求改变或增加时，只要重新选取不同的子集或加上一部分数据便可以满足新的需求。

3．数据独立性高

数据独立性是数据库领域中的常用术语，包括数据的物理独立性和数据的逻辑独立性。

数据的物理独立性是指用户的应用程序与存储在磁盘上的数据库中的数据是相互独立的。也就是说，数据在磁盘上的存储是由 DBMS 管理的，用户程序不需要了解，应用程序要处理的只是数据的逻辑结构，这样当数据的物理存储改变了，应用程序不用改变。

数据的逻辑独立性是指用户的应用程序与数据库的逻辑结构是相互独立的，也就是说，数据的逻辑结构改变了，用户程序也可以不变。

数据与程序的独立，把数据的定义从程序中分离出去，加上数据的存取又由 DBMS 负责，从而简化了应用程序的编制，大大减少了应用程序的维护和修改。

4．数据由 DBMS 统一管理和控制

数据库的共享是并发的共享，即多个用户可以同时存取数据库中的数据，甚至可以同时存取数据库中的同一数据。

为此，DBMS 还必须提供以下几方面的数据控制功能。

（1）数据的安全性（Security）保护

数据的安全性是指保护数据以防止不合法的使用造成数据的泄密和破坏。每个用户只能按规定对某些数据以某些方式进行使用和处理。

（2）数据的完整性（Integrity）检查

数据的完整性是指数据的正确性、有效性和相容性。完整性检查将数据控制在有效的范围内，或保证数据之间满足一定的关系。

（3）并发（Concurrency）控制

当多个用户的并发进程同时存取、修改数据库时，可能会发生相互干扰而得到错误结果或使得数据库的完整性遭到破坏，因此必须对多用户的并发操作加以控制和协调。

（4）数据库恢复（Recovery）

计算机系统的硬件故障、软件故障、操作员的失误及故意破坏也会影响数据库中数据的正确性，甚至会造成数据库部分或全部数据的丢失。DBMS 必须具有将数据库从错误状态恢复到某一已知的正确状态（亦称为完整状态或一致状态）的功能，这就是数据库的恢复功能。

数据库管理阶段，应用程序与数据库之间的关系可使用图 1-2 表示。

数据库是长期存储在计算机内有组织的、

图 1-2　应用程序与数据库之间的关系

大量的、共享的数据集合。它可供各种用户共享，具有最小冗余度和较高的数据独立性。DBMS 在数据库建立、运用和维护时对数据库进行统一控制，以保证数据的完整性、安全性，

并在多用户同时使用数据库时进行并发控制，在发生故障后对系统进行恢复。

数据库系统的出现使信息系统从以加工数据的程序为中心转向以共享的数据库为中心的新阶段。这样既便于数据的集中管理，又有利于应用程序的研制和维护，提高了数据的利用率和相容性，保证了决策的可靠性。

目前，数据库已经成为现代信息系统不可分离的重要组成部分，并普遍应用于科学技术、工业、农业、商业、服务业和政府部门的信息系统。

项目1.2　构建 E-R 概念模型

模型，特别是具体的实物模型，人们并不陌生。例如，一张地图、一组建筑设计沙盘、一架精致的航模飞机，都是具体的模型。模型是对现实世界特征的模拟和抽象。数据模型也是一种模型，它是对现实世界数据特征的抽象，是对客观事物及其联系的数据描述，是对现实世界（存在于人脑之外的客观世界）的模拟。在数据库中用数据模型来抽象、表示和处理现实世界中的数据和信息。

数据模型主要可分为三种类型：概念模型、逻辑模型和物理模型。概念模型是按用户的观点来对数据和信息建模，主要用于数据库设计；逻辑模型是按计算机系统的观点对数据进行建模，主要用于 DBMS 的实现；物理模型是对数据最底层的抽象，它描述数据在磁盘上的存储方式和存取方法。

要将现实世界转变为机器能够识别的形式，必须经过两次抽象，即先使用某种概念模型为客观事物建立概念级的模型，将现实世界抽象为信息世界，再把概念模型转变为计算机上某一 DBMS 支持的逻辑模型，将信息世界转变为机器世界，如图 1-3 所示。

图 1-3　数据的转换

概念模型用于信息世界的建模，是现实世界到信息世界的第一层抽象，是数据库设计人员进行数据库设计的有力工具，也是数据库设计人员和用户之间进行交流的语言。因此，概念模型一方面应该具有较强的语义表达能力，能够方便、直接地表达应用中的各种语义知识，另一方面，它还应该简单、清晰、易于理解。

概念模型的表示方法很多，其中最为著名、最为常用的是 P. P. S. Chen 于 1976 年提出的实体-联系方法（Entity-Relationship Approach）。该方法用 E-R 图（实体-联系图）来描述现实世界的概念模型，E-R 方法也称为 E-R 概念模型。下面介绍 E-R 概念模型中涉及的主要概念及 E-R 图的绘制方法。

任务 1.2.1　认识实体

客观存在并可以相互区分的事物叫实体。从具体的人、物、事件到抽象的状态与概念，都可以用实体抽象地表示。例如，在学校里，一个学生、一个教师、一门课程都可称为实体。同类的多个实体可以构成实体集，如多个学生实体可构成学生实体集。在不引起混淆的情况下，本书有时用实体来表示实体集的概念。

【例 1-1】 在教学管理系统所描述的数据内容中，有哪些可作为实体？

分析：在该教学管理系统中，作为具体存在的人（如：学生、教师）和作为抽象的概念（如：学院、课程等）都应视为实体。

任务 1.2.2 理解属性

属性是实体所具有的某些特性，通过属性对实体进行刻画。实体由属性组成。一个实体本身具有很多属性，能够唯一标识实体的属性称为该实体的键。例如，学号是学生实体的键，每个学生都有一个属于自己的学号，通过学号可以唯一确定是哪位学生，在一个学校里，不可能有两个学生具有相同的学号。实体由哪些属性组成取决于人们所关心的内容。例如，高校学生实体可由学号、姓名、年龄、性别、籍贯、专业和学院等组成，常表示为：学生（学号、姓名、年龄、性别、籍贯、专业、学院编号）。有了这个表示后，将（"2019130143""马力华""19""男""重庆""信息安全""01"）这些属性值组合起来用于表示马力华这个学生。

【例 1-2】 教学管理系统中各实体分别有哪些属性？

分析：可根据问题描述和对用户调研获取的信息，总结出各实体的属性集合。

- ☼ 学院（学院编号、学院名称、学院院长、办公室、办公电话）
- ☼ 学生（学号、姓名、年龄、性别、籍贯、专业、学院编号）
- ☼ 教师（教工号、姓名、性别、职称、专业方向）
- ☼ 课程（课程号、课程名、学时数、学分、教材）

任务 1.2.3 判别联系的类型

现实世界中的事物之间是有联系的，这些联系必然要在信息世界加以反映。例如，教师实体与学生实体之间存在着教和学的联系。实体之间的联系可分为以下三类。

1. 一对一联系（1:1）

设有两个实体集 A 和 B。如果 A 中至多有一个实体与 B 中的一个实体有联系，且 B 中至多有一个实体与 A 中的一个实体有联系，则称 A 和 B 之间存在一对一联系，记作 1:1。例如，看电影时，观众和座位之间就是一对一联系，因为一个人只能坐一个座位，一个座位只能由一个人来坐。

2. 一对多联系（1:n）

设有两个实体集 A 和 B。如果 A 中的一个实体与 B 中的若干实体有联系，但 B 中每个实体只与 A 中的一个实体相联系，则称 A 和 B 之间存在一对多联系，记作 1:n。例如，班级与学生之间是一对多联系，因为一个班中可以有若干学生，但一个学生只能属于一个班。

3. 多对多联系（m:n）

设有两个实体集 A 和 B。如果 A 中的一个实体与 B 中的若干实体相联系，且 B 中每个实体也与 A 中的多个实体相联系，则称 A 和 B 之间存在多对多联系，记作 m:n。例如，学生与课程之间是多对多联系，因为一个学生可以选修若干课程，一门课程可以被若干学生选修。

【例1-3】 指出教学管理系统中学院和教师、学院和学生、学院和课程、教师和学生、学生和课程、教师和课程等实体间各种联系的类型。

分析：一个学院有多个教师，但一个教师只能属于一个学院，所以，学院和教师是（$1:n$）；同理，学院和学生是（$1:n$）；一个学院可开设多门课程，一门课程只能由一个学院开设，所以，学院和课程是（$1:n$）；一位教师可同时辅导多个学生，而一个学生在某一个时间只能由一位教师辅导，所以，教师和学生是（$1:n$）；一个学生可以选修多门课程，一门课程可以被多个学院选修，所以，学生和课程是（$m:n$）；一位教师可以讲授多门课程，一门课程可以被多位教师讲授，所以，教师和课程是（$m:n$）。

【课堂实践1】

判断下列实体间联系的类型。

1）班级和正班长　2）班级和班委　3）班级和学生　4）供应商和商品

5）商店和顾客　6）工厂和产品　7）出版社和作者　8）商品和超市

任务 1.2.4　绘制 E-R 图

E-R 图（实体-联系图）是抽象描述现实世界的有力工具。它通过绘图将实体及实体间的联系刻画出来，为客观事物建立概念模型。

1. 建立实体联系图的步骤

下面以某高校的教学管理系统为例，说明 E-R 图的绘制方法。

>> **第1步：确定现实系统可能包含的实体。**

为简单起见，假设该教学管理系统所涉及的实体有学院、教师、学生、课程。

>> **第2步：确定每个实体的属性，特别要注明每个实体的键。**

键是一个实体的属性集合中可唯一确定具体个体的某一个或几个属性的集合。教学信息管理系统的实体包含的属性和键如下。

1）对学院实体，属性有学院编号、学院名称、院长、办公室、办公电话，其中学院编号是键。

2）对教师实体，属性有教工号、姓名、性别、年龄、职称、专业方向，其中教工号是键。

3）对学生实体，属性有学号、姓名、性别、年龄、籍贯、专业、学院编号，其中学号是键。

4）对课程实体，属性有课程号、课程名、学时、学分、教材，其中课程号是键。

>> **第3步：确定实体之间可能存在的联系，并结合实际情况给每个联系命名。**

教学管理系统中各实体之间存在如下联系。

1）一位教师可以讲授多门课程，一门课程可以被多位教师讲授，这里将教师与课程之间的联系命名为"讲授"。

2）一个学生可以选修多门课程，一门课程可以被多位学生选修。这里将学生与课程之间的联系命名为"选修"。

3）在某个时间和地点，一位教师可指导多位学生，但每个学生在某个时间和地点只能被一位教师指导。这里把教师和学生之间的联系命名为"指导"。

4）一个学院有多名教师，一个教师归属于一个学院。这里将学院与教师之间的联系命名为"聘用"。

5）一个学院录取多名学生，一个学生归属于一个学院。这里将学院与学生之间的联系命名为"录取"。

6）一个学院开设多门课程，一门课程由一个学院管理。这里将学院与课程之间的联系命名为"开课"。

在对联系进行命名时，一般使用动词，当使用该动词连接两边的实体时，通常能表达一个符合逻辑的且比较完整的意思。例如，使用动词"讲授"为教师与课程的联系命名，且教师"讲授"课程是一个符合逻辑的完整句子。这也是判断实体之间是否有联系和对联系命名是否恰当的简单标准。

≫ 第 4 步：确定每个联系的种类和可能有的属性。

有时为了更好地刻画联系的某些特性，需要对联系指定属性。根据教学管理系统中实体间的联系情况，可以确定以下联系的类型。

1）教师和课程之间的"讲授"是 $m:n$ 联系。

2）学生和课程之间的"选修"是 $m:n$ 联系。为了更好地刻画选修的结果，为"选修"联系指定成绩属性。

3）教师和学生之间的"指导"是 $1:n$ 联系。为了更好地刻画指导的环境因素，为"指导"联系指定时间和地点属性。

4）学院与教师之间的"聘用"为 $1:n$ 联系。为了说明聘用的关系，为"聘用"联系指定条件、年限属性。

5）学院与学生之间的"录取"为 $1:n$ 联系。为了明确录取的时间和年级，为"录取"联系指定时间、年级属性。

6）学院和课程之间的"开课"为 $1:n$ 联系。

≫ 第 5 步：绘制 E-R 图，建立概念模型，完成现实世界到信息世界的第一次抽象。

2. 绘制 E-R 图的方法

在 E-R 图中有如下规定。

1）用长方形表示实体，在框内写上实体名。

2）用椭圆形表示实体的属性，并用下画线标注实体的键，用无向边把实体与其属性连接起来。

例如：学院、教师、学生、课程四个实体及属性可以表示成如图 1-4 所示的形式。

3）用菱形表示实体之间的联系，菱形内写上联系名。用无向边把菱形与有关的实体连接，在无向边旁标上联系的类型。若实体之间的联系也有属性（实体以外的属性），则把属性和菱形也用无向边连接起来。

例如，图 1-5 是教学管理中教师、学生、课程三个实体的 E-R 图（为了使图形简洁，这里未将学院实体表达在里面）。

4）如果实体的属性太多，为了使 E-R 图更清楚明了，可以在 E-R 图中只绘制实体之间的联系，如图 1-6 所示，而将实体及属性放到另一幅图中表示，如图 1-4 所示。这样，教学管理的 E-R 图则由图 1-4 和图 1-6 组成。

图 1-4　E-R 图中实体及属性的表示

图 1-5　教学管理 E-R 图

图 1-6　实体联系 E-R 图

3. 注意事项

在建立实体-联系模型时，应注意以下几个问题。

1）实体-联系模型要全面正确地刻画客观事物，各类命名要清楚明了，易于理解。

2）实体中的键应注意确保唯一性，即作为键的属性应该是能够唯一识别实体的属性（不一定是单个属性，也可以是某几个属性的组合）。

3）实体间的联系常常通过实体中某些属性的关系来表达，因此在选择组成实体的属性时，应考虑到如何更好地实现实体间的联系。

4）有些属性是通过实体间的联系反映出来的，如选修中的分数属性，对这些属性应特别注意，因为它们经常是在将概念模型向逻辑模型转换时的重要数据项。

5）前面给出的教学管理例子中，联系都是存在于两个实体之间的，且实体之间只存在一种联系，这是最简单的情况。实际中，联系可能存在于多个实体之间，实体之间可能有多种联系。

6）E-R概念模型具有客观性和主观性两重含义。E-R概念模型是在客观事物或系统的基础上形成的，在某种程度上反映了客观现实，反映了用户的需求，因此E-R概念模型具有客观性。但E-R概念模型又不等同于客观事物本身，它往往反映事物的某一方面，至于选取哪个方面或哪些属性以及如何表达则取决于观察者本身的目的与状态。从这个意义上说，E-R概念模型又具有主观性。

【课堂实践2】

1）在如图1-6所示的E-R图中加入学院实体，添加聘用、开课、录取三个联系，并注明属性和联系类型。

2）设有商店和顾客两个实体。商店有属性：商店编号、商店名、地址、电话。顾客有属性：顾客编号、姓名、地址、年龄、性别。假设一个商店有多个顾客购物，一个顾客可以到多个商店购物，顾客每一次去商店购物有消费金额和日期。试绘制E-R图，并注明属性和联系类型。

项目1.3 设计关系数据模型

逻辑模型是按照计算机系统的观点对数据建模，是对数据逻辑结构的描述，主要用于DBMS的实现。主要的逻辑模型有关系数据模型、层次模型、网状模型和面向对象模型四种。

2
设计关系数据模型

用二维表格结构表示实体及实体之间联系的逻辑模型称为关系数据模型。关系数据模型在用户看来是一个二维表格，它概念单一，容易被初学者接受。关系数据模型以关系数学为理论基础，操作对象和操作结果都是二维表格。关系数据模型是由数据库技术的奠基人之一E. F. Codd于1970年提出的。自20世纪80年代以来，计算机厂商推出的数据库管理系统几乎都支持关系数据模型，如Access、FoxBase、FoxPro、MySQL、PostgreSQL、Sybase、DB2、SQL Sever和Oracle等。

任务 1.3.1　掌握关系数据模型的基本概念

下面以描述学生信息的学生表（见表 1-2）和支持关系数据模型的 SQL Server 2019 为例，说明关系数据模型的基本概念。

1. 关系

一个关系就是一张二维表，每个关系都有一个关系名，即每个表都有一个表名。例如，表 1-2 所示的表名为"学生表"。

表 1-2　学生表

学号	姓名	性别	年龄	籍贯	专业	学院编号
2020003001	张国庆	男	20	重庆	物联网工程	01
2020008102	李小平	女	19	四川	信息安全	03
2020010223	刘东东	男	20	广东	电子商务	05

2. 元组

二维表中的行称为元组，每一行是一个元组。元组对应存储文件中的一个记录。例如，学生表中包含 3 个元组。

3. 属性和属性值

二维表的列称为属性，每一列有一个属性名，且各属性不能重名。属性值是属性的具体值。属性对应存储文件中的一个字段。例如，学生表包含 7 个属性，属性名分别是学号、姓名、性别、年龄、籍贯、专业和学院编号，其中，"2020003001""张国庆""男""20""重庆""物联网工程""01"是属性值。

4. 域

属性的取值范围称为域。例如，学生表中性别的取值范围只能是男和女。

5. 关系模式

对关系的信息结构及语义限制的描述称为关系模式，用关系名及其包含的属性名的集合和关系的主键等表示。例如，学生表的关系模式是：学生（学号，姓名，性别，年龄，籍贯、专业、学院编号），其中学号是主键。

 注意：关系模式和关系是彼此密切相关但又有区别的两个概念。关系模式是对关系结构的定义，是对关系"型"的描述。关系是二维表格，是对"型"和"值"的综合描述，"值"是指关系中的具体数据，例如，2020003001、张国庆、男、20、重庆等。一般说来，关系的"型"是相对稳定、不随时间变化的，而关系的"值"是随时间动态变化和不断更新的。例如，在学生表中，由于学生转专业、入学、退学和毕业等原因，学生关系中的数据是经常变化的，但其结构及对数据的限制是不会改变的。

6. 键

键又称关键字或码，由一个或几个属性组成，在实际使用中，有下列两种键。

候选键（Candidate Key）：如果在一个关系中，存在多个属性（或属性组合）都能用来唯一标识该关系中的元组，这些属性（或属性组合）都称为该关系的候选键。例如，在学生表中，如果没有重名的元组，则学号和姓名都是学生表的候选键。一般情况下，如无特殊说明，则键就是指候选键。

主键（Primary Key）：用户选定的标识元组的一个候选键称为主键。例如，如果选择学号作为学生表中元组的标识，那么就称学号为主键。如果一个关系只有一个候选键，则该候选键即为主键。主键的值不能为空，即主键的值为空的元组是不允许存在的。

7. 非主属性或非键属性

在一个关系中，不能组成键的属性称为该关系的非主属性或非键属性。例如，学生表中的性别、年龄、籍贯和学院编号是非主属性。

8. 外键

一个关系的某个属性（或属性组合）虽不是该关系的键或只是键的一部分，但却是另一个关系的键，则称这样的属性为该关系的外键。外键是表与表联系的纽带。

例如，学生表中的学院编号不是学生表的键，但它却是表 1-3 学院表的键，因此学院编号是学生表的外键。通过学院编号可以使学生表与学院表建立联系。

表 1-3 学院表

学院编号	学院名称	院长	办公室	办公电话
01	人工智能与大数据学院	武春岭	15405	67676003
02	电子与物联网学院	陈良	12410	67676018
03	通信工程学院	陶亚雄	14207	67676025
04	智能制造与汽车学院	张进春	9112	67679121
05	财经管理学院	黄志平	10210	67670980
06	数字媒体学院	刘晓东	1210	67670042
07	建筑与材料学院	周国清	4331	67673421
08	智慧健康学院	谢光辉	11310	67670234
09	马克思主义学院	冉鑫	4202	67670433
10	通识教育与国际学院	沈雕	2208	67670116
11	体育与国防教育部	徐然	1020	67670337

9. 主表和从表

主表和从表是指通过外键相关联的两个表。以外键作为主键的表称为主表；外键所在的表称为从表。例如，学院表是主表，学生表是从表。

尽管关系与二维表格类似，但它们又有重要的区别。不能把日常手工管理所用的各种表格，按照一张表一个关系直接存放到数据库里。关系数据库要求其中的关系必须是规范化的，即必须满足以下条件。

1）每一个关系仅有一种记录类型，即只有一种关系模式。

2）关系中的每个属性都是不可分解的，即不能表中套表。例如，手工制表中，经常出现表 1-4 所示的复合表，这种表格不是二维表，不能直接作为关系，应对其进行调整。对于该复合表，只要把应发工资和应扣工资两个表项去掉就可以了。

表 1-4 复合表

姓名	职称	应发工资		应扣工资		实发工资
		基本工资	资金	房租	水电	
…	…	…	…	…	…	…

3）在同一个关系中，不能出现相同的属性名。

4）在同一个关系中，不能出现完全相同的行。

5）在一个关系中，元组的位置无关紧要。任意交换两行的位置并不影响数据的实际含义，即所谓排行不分先后。

6）在一个关系中，列的次序无关紧要。任意交换两列的位置并不影响数据的实际含义。

任务 1.3.2　将 E-R 图转化为关系数据模型

将 E-R 图转化为关系数据模型，一般应遵从以下三个原则。

1. 每个实体转换为一个关系

在进行转换时要注意两点：实体的属性就是关系的属性；实体的键作为关系的键。

下面以转换如图 1-5 所示的教学管理 E-R 图为例进行讲解。为简便起见，这里假设有 3 位教师、5 名学生和 3 门课程。该 E-R 图中有教师、学生、课程三个实体，因此可转换为三个关系表：教师表（主键为教工号）、学生表（主键为学号）、课程表（主键为课程号），分别如表 1-5～表 1-7 所示。

表 1-5　教师表

教工号	姓名	性别	年龄	职称	专业方向
201321125	孙学东	男	30	讲师	信息安全
200121102	唐乾林	男	41	副教授	人工智能
200725019	王莉莉	女	37	教授	移动通信技术

表 1-6　学生表

学号	姓名	性别	年龄	籍贯	专业	学院编号
2020003001	张国庆	男	20	重庆	物联网工程	01
2020008102	李小平	女	18	四川	信息安全	03
2020010223	刘东东	男	20	广东	电子商务	05
2020103107	张华	男	19	上海	计算机网络	03
2019013301	吴丽丽	女	21	云南	通信技术	02

表 1-7　课程表

课程号	课程名	学时	学分	教材
J01	C 语言程序设计	80	5	"十三五" 规划教材
J02	关系数据库与 SQL Server	64	4	"十一五" 规划教材
T01	探秘移动通信	48	3	"十二五" 规划教材

2. 每个联系也转换成一个关系

在进行转换时，要注意以下方面。

1）与关系相连的各个实体的键、联系的属性转换成关系的属性。

2）根据联系的类型不同，关系的键规定如下。

✪ 对于 1∶1 联系，每个实体的键均是该联系关系的候选键。

✪ 对于 1∶n 联系，关系的键是 n 端实体的键。

✪ 对于 $m:n$ 联系，关系的键是诸实体键的组合。

在如图 1-5 所示的教学管理 E-R 图中，有选修、讲授、指导三个联系，因此可转换为三个关系表：选修表（主键为学号+课程号，外键为学号、课程号）、讲授表（主键为教工号+课程号，外键为教工号、课程号）、指导表（主键为学号，外键为教工号），分别如表 1-8～表 1-10 所示。

表 1-8　选修表

学号	课程号	成绩
2020003001	J01	89
2020003001	J02	85
2020008102	J01	72
2020008102	J02	64
2019013301	J01	97
2020010223	J02	90
2020103107	J01	81

表 1-9　讲授表

教工号	课程号
201321125	J01
200121102	J02
200725019	T01
199521002	J02
200325031	T01
201521025	T01
200921008	J01

表 1-10　指导表

学号	教工号	时间	地点
2020003001	201321125	星期一	2201
2020008102	200121102	星期二	2201
2020010223	200725019	星期三	2302
2020103107	201321125	星期四	2405
2019013301	200121102	星期五	2405

3. 有相同键的关系可以合并

由于学生表和指导表的键都是学号，因此，这两张表可以根据实际情况进行合并。

在将 E-R 图转化为关系数据模型时，如果没有具体数据，可用关系模式来代替关系表。因此，教学管理系统的关系数据模型也可以用以下关系模式来描述。

学院表（学院编号，学院名称，院长，办公室，办公电话）　　　主键：学院编号

教师表（教工号，姓名，性别，年龄，职称，专业方向）　　　主键：教工号

学生表（学号，姓名，性别，年龄，籍贯，专业，学院编号）　　　主键：学号

课程表（课程号，课程名，学时，学分，教材）　　　主键：课程号

选修表（学号，课程号，成绩）　　　主键：学号+课程号，外键：学号、课程号

讲授表（教工号，课程号）　　　主键：教工号+课程号，外键：教工号、课程号

指导表（学号，教工号，时间，地点）　　　主键：学号，外键：教工号

通过将 E-R 图转化为关系数据模型，实现了信息世界到机器世界的第二次抽象。

【课堂实践 3】

1）根据前面内容的描述，将聘用、录取、开课三个联系用关系模式来表示，并分别指出它们的主键和外键。

2）某个企业集团有若干工厂，每个工厂生产多种产品，且每一种产品可以在多个工厂生产，每个工厂按照固定的计划数量生产产品；每个工厂聘用多名职工，且每名职工只能在一个工厂工作，工厂聘用职工有聘用期和工资。工厂的属性有工厂编号、厂名、地址，产品属性有产品编号、产品名、规格，职工的属性有职工号、姓名。

① 根据上述语义绘制 E-R 图。

② 将 E-R 模型转换成关系数据模型，并指出每个关系模式的主键和外键。

项目 1.4　实现关系的完整性

关系的完整性规则也可称为关系的约束条件。它是对关系的一些限制和规定。通过这些限制保证数据库中的数据合理、正确和一致。关系的完整性规则包括实体完整性、参照完整性和域完整性。

任务 1.4.1　设置实体完整性

在任何关系的任何一个元组中，主键的值不能为空值。

这条规定的现实意义是，关系数据模型对应的是现实世界的数据实体，而主键是实体唯一性的表现，没有主键就没有实体，所有主键不能是空值。这是实体存在的最基本前提，所以称之为实体完整性。

任务 1.4.2　设置参照完整性

参照完整性规则也可称为引用完整性规则。这条规则要求"不引用不存在的实体"，它是对关系外键的规定，要求外键取值必须是客观存在的，即不允许在一个关系中引用另一个关系不存的元组。

例如，前面给出的学生表和学院表中，学院编号是学生表的外键，也是学院表的主键。根据参照完整性规则，要求学生表中的学院编号的取值只能是以下两种情况。

1）取空值。表明该学生还未被分配到任何学院。例如，某位学生还没有确定在哪个学院，则该学生元组的学院编号处可空着不写，待以后填写。注意：空值不是 0 或空格。

2）取非空值。若取非空值，则它必须是学院表中学院编号存在的值，即学生表学院编号的值必须和学院表中的学院编号的值保持一致。因为一个学生不能属于一个不存在的学院。

任务 1.4.3　设置域完整性

由用户根据实际情况，对数据库中数据的内容所做的规定称为域完整性规则，也称用户定义完整性规则。通过这些规则限制数据库只接受符合完整性约束条件的数据，不接受违反约束条件的数据，从而保证数据库的数据合理可靠。

例如，表中的性别数据只能是男和女。对年龄数据也应该有一定的限制，不能是任意值。

3
规范化关系
数据模型

项目 1.5　规范化关系数据模型

在关系数据库中，对于同一个问题，选用不同关系模式集合作为数据库模式，其性能的优劣是大不相同的，某些数据库模式的设计常常会带来存储异常，这不利于实际应用。为区分数据库模式的优劣，常常把关系模式分为各种不同等级的范式（Normal Form）。

任务 1.5.1 了解关系规范化

1. 关系规范化的含义

通常将关系模式分为 5 个级别，即 5 种范式。满足最低条件的称为第一范式，简称 1NF。在第一范式基础上进一步满足一些要求的可升级为第二范式（2NF），其余依次类推。通常，关系模式 R 是第 X 范式就写成 $R \in X NF$。

一个低一级范式的关系模式，通过分解可以转换为若干个高一级范式的关系模式，这种过程称为关系的规范化。

2. 关系规范化的作用

关系规范化的主要目的是解决数据库中数据冗余、插入异常、删除异常和更新异常等数据存储问题。例如，在关系模式 SCD（学号，姓名，课程名，成绩，教师名，职称）中，如果有 200 名学生学习了数据库基础这门课程，那么在 SCD 表中，就必须重复输入 200 次教师的名字和教师的职称信息，因此这种关系模式存在数据冗余的问题；如果要在 SCD 表中插入刘强老师的姓名和职称信息，但刘强老师未开课，那么会造成无法插入主键（学号+课程名）的值，因此这种关系模式还存在插入异常的问题；当删除了 SCD 表中数据库基础这门课程的信息时，同时也会删除相关任课教师的信息，因此这种关系模式又存在删除异常的问题；当某个教师的职称发生变化时，除了要更新 SCD 表中的职称信息，还需要更新教师表中的职称信息，这样不仅加大了维护工作量，还容易造成表间的数据不一致问题，因此这种关系模式还存在更新异常的问题。

所以，要将关系数据模型进行规范化。

3. 关系规范化的方法

关系规范化的基本方法是逐步消除关系模式中不合适的数据依赖，使关系模式达到某种程度的分离，也就是说，不要将若干事物混在一起，而要彼此分开，用一个关系表示一事或一物，所以，规范化的过程也被认为是"单一化"的过程。

规范化是以函数相关性理论为基础的，其中最重要的是函数依赖，其定义如下。

给定一个关系模式 R，有属性（或属性组）A 和 B，如果 B 的每个值都与 A 的唯一确定值对应，则称 B 函数依赖于 A，A 被称为决定因素。如果 B 的每个值完全能由 A 值决定，则称 B 完全函数依赖于 A。如果 B 的每个值只依赖于 A 中的部分属性，则称 B 部分函数依赖于 A。如果关系模式 R 中有属性 A、B、C，C 函数依赖于 B，B 函数依赖于 A，则称 C 传递函数依赖于 A。

下面通过任务 1.5.2～任务 1.5.5 来认识各级范式。

任务 1.5.2 认识第一范式（1NF）

设 R 是一个关系模式，如果 R 中的每个属性都是不可分解的，则称 R 是第一范式，记为 $R \in 1NF$。

1NF 要求不能表中套表。它是对关系模式最基本的要求，数据库模式中的所有关系模式都必须是 1NF。

请思考：

前面提到的关系模式 SCD（学号，姓名，……）是否是 1NF？

【例 1-4】 判断如表 1-11 所示的 SC1 表是否是 1NF？若不是，如何修改？

分析：该 SC1 表不是 1NF，因为每个元组的课程名中都包含了若干门课程，是可以分解为若干单门课程的。对于这样的关系模式，修改某个学生的选课情况，涉及该学生原来的所有课程名，这是很不方便的。为避免这样的问题，可以将选修关系 SC1 的课程名属性拆开，形成如表 1-12 所示的 SC2 关系形式。显然，SC2∈1NF。

表 1-11　SC1

学号	课程名
200301	{数学分析、光学原理、普通物理}
200302	{数学分析、光学原理}

表 1-12　SC2

学号	课程名
200301	数学分析
200301	光学原理
200301	普通物理
200302	数学分析
200302	光学原理

任务 1.5.3　认识第二范式（2NF）

1. 第二范式的含义

如果关系模式 R 是 1NF，且每个非键属性都完全函数依赖于键属性，则称 R 是第二范式，记为 R∈2NF。

如果关系模式中存在部分函数依赖，则会造成插入异常。在 2NF 中，不存在非键属性对键属性的部分函数依赖关系，因此 2NF 解决了插入异常问题。

【例 1-5】 判断关系模式"SCD（学号，姓名，课程名，成绩，学院名称，院长）"是否是 2NF？为什么？

分析：该关系模式是 1NF，但不是 2NF。因为该关系模式的键是（学号+课程名），对于非键属性，如姓名、学院名称、院长来说，它们只依赖于学号，而与课程名无关。

那么，要如何将其转化为 2NF 呢？

2. 转化为 2NF 的方法

将非 2NF 的关系模式转化为 2NF 的办法是消除部分函数依赖，将其分解为若干个 2NF 关系模式。消除的方法如下。

1）把关系模式中对键完全函数依赖的非主属性与决定它们的键放在一个关系模式中。

2）把对键部分函数依赖的非主属性和决定它们的主属性放在一个关系模式中。

3）如果分解后的新模式仍不是 2NF，则继续按照前面的方法进行分解，直到达到要求。

在关系模式 SCD 中，成绩完全函数依赖于键（学号+课程名），可将它们放在一个关系模式中，如：SD（学号，姓名，学院名，院长）；姓名、学院名、院长只依赖于学号，可将它们放在另一个关系模式中，如：SC（学号，课程名，成绩）。分解后的关系模式 SD 和 SC 中都不存在部分函数依赖，所以它们都是 2NF。

3. 2NF 存在的问题

2NF 虽然消除了数据的插入异常，但仍然存在其他存储问题。例如：关系模式 SD 既包含学生信息，又包含学院信息，所以仍存在问题，须进一步分解。这就需要更高级别的范式。

任务 1.5.4　认识第三范式（3NF）

1. 第三范式的含义

如果关系模式 R 是 2NF，且没有一个非键属性传递依赖于键，则称 R 是第三范式，记为 R∈3NF。

如果关系模式中存在传递函数依赖，则会造成删除异常。在 3NF 中，消除了传递函数依赖，因此 3NF 解决了数据的删除异常问题。

【例 1-6】　判断关系模式"SD（学号，姓名，学院名称，院长）"是否是 3NF？为什么？

分析：该关系模式是 2NF，但不是 3NF。因为该关系模式中存在着：主键学号决定非键属性学院名（学号→学院名）、学院名决定院长（学院名→院长），即院长传递函数依赖于学号，因此关系模式 SD 不是 3NF。

那么，要如何将其转化为 3NF 呢？

2. 转化为 3NF 的方法

将非 3NF 的关系模式转化为 3NF 的办法是消除传递函数依赖，将其进一步分解为若干个独立的第三范式关系模式。消除的方法如下。

1）把直接对键函数依赖的非主属性与决定它们的键放在一个关系模式中。

2）把造成传递函数依赖的决定因素连同被它们决定的属性放在一个关系模式中。

3）如果分解后的新模式不是 3NF，则继续按照前面的方法进行分解，直到达到要求。

在关系模式 SD 中，姓名、学院名直接依赖主属性学号，可将它们放在一个关系模式中，如：S（学号，姓名，学院名）；学院名决定院长，学院名是造成传递函数依赖的决定因素，将它们放在另一个关系模式中，如：D（学院名，院长）。

可以看出，关系模式 S 和 D 各自描述单一的现实事物，都不存在传递依赖关系，所以它们都是 3NF。

3. 3NF 存在的问题

一个关系模式达到 3NF，基本解决了异常问题，但还不能彻底解决数据冗余问题。因为 3NF 不能很好地处理模型中含有多个候选键和候选键是组合项的情况，因此需要更强的范式。

【课堂实践 4】

假设某商业集团数据库中有 1 个关系模式 R（商店编号，商品编号，数量，部门编号，负责人），如果规定：每个商店的每种商品只在一个部门销售；每个商店的每个部门只有一个负责人；每个商店的每种商品只有一个库存数量。

1）写出关系模式 R 的基本函数依赖集。

2）找出关系模式 R 的候选键。

3）关系模式 R 最高已经达到第几范式？为什么？

4）如果 R 不属于 3NF，请将 R 分解成 3NF。

任务 1.5.5　了解 Boyce-Codd 范式（BCNF）

1. Boyce-Codd 范式的含义

Boyce-Codd 范式（BCNF）也称为扩充的第三范式或增强第三范式。

如果关系模式 R 中的所有决定因素都是键，则称 R 是 BCNF。BCNF 消除了关系中冗余的键，由 BCNF 的定义，可以得到以下结论。

1）所有非主属性对每个键完全函数依赖。

2）所有主属性对每个不包含它的键完全函数依赖。

3）没有任何属性完全函数依赖于非键的任何一组属性。

可以证明，若 R 是 BCNF，则 R 肯定是 3NF。但若 R 是 3NF，则 R 不一定是 BCNF。

例如：学生关系模式 S（学号，姓名，学院名）不仅是 3NF，还是 BCNF。

分两种情况进行分析。一种情况假设姓名可以有重名，则学号是该模型唯一决定因素，它又是键，所以关系模式 S 是 BCNF。另一种情况假设姓名没有重名，则学号、姓名都是候选键，且除候选键以外，该模型没有其他决定因素，所以关系模式 S 仍是 BCNF。

【例 1-7】　有关系模式 STJ（学生，教师，课程），假设：

1）每位教师只教一门课程。

2）一门课程由多位教师讲授。

3）对于每门课，每个学生的讲课教师只有一位。请判断 STJ 是不是 BCNF。

分析：由语义可知，关系模式 STJ 具有的函数依赖是：（学生，课程）→教师，教师→课程，（学生，教师）→课程，如图 1-7 所示。

图 1-7　非 BCNF 实例

关系模式 STJ 有两个候选键（学生，课程）和（学生，教师），由于没有任何非主属性对键传递依赖或部分依赖，因此模式 STJ 是 3NF。但它不是 BCNF，因为教师决定课程，教师是课程的决定因素，而教师这一单一属性不是键，因此，模式 STJ 不是 BCNF。

2. 转化为 BCNF 的方法

将 3NF 的关系模式分解为 BCNF 的方法如下。

1）在 3NF 关系模式中，去掉一些主属性，只保留主键，使它们只有唯一的候选键。

2）把去掉的主属性，分别同各自的非主属性组成新的关系模式。

3）检查分解后的新模式，如果仍不是 BCNF，则继续按照前面的方法进行分解，直到达到要求。

根据以上方法，可将关系模式 STJ 分解为 ST（学生，教师）和 TJ（教师，课程）两个关系模式。

3．BCNF 存在的问题

在数据库设计中，以达到 3NF 作为主要目标。当然，能够达到 BCNF 更好，但从理论上说，达到 BCNF 有时会破坏原来关系模式的一些固有特点。

例如，设有关系模式 R(S,T,V)，存在的函数依赖有（S,T）→V，V→S。

可以验证，该模型是 3NF，但不是 BCNF。无论将 R 如何分解，都将损失函数依赖（S,T）→V。

任务 1.5.6　掌握四种范式的关系

纵观四种范式，可以发现它们之间存在着这样的关系：BCNF⊆3NF⊆2NF⊆1NF。从范式所允许的函数依赖方面进行比较，它们之间有如图 1-8 所示的关系。

图 1-8　四种范式的比较

一般情况下，没有异常弊病的数据库设计是好的数据库设计，一个不好的关系模式也总是可以通过分解转换成好的关系模式的集合。但是在分解时要全面衡量，综合考虑，视实际情况而定。对于那些只要求查询而不要求插入、删除等操作的系统，几种异常现象的存在并不影响数据库的操作。这时便不宜过度分解，否则当要进行整体查询时，需要更多的多表连接操作，这样有可能得不偿失。

在实际应用中，最有价值的是 3NF 和 BCNF，在进行关系模式的设计时，通常分解到 3NF 就足够了。

【课后练习】

一、填空题

1．数据库系统各类用户对表的各种操作请求（数据定义、查询、更新及各种控制）都是由一个复杂的软件来完成的，这个软件叫作＿＿＿＿＿＿＿。

2．DBMS（数据库管理系统）通常提供授权功能来控制不同的用户访问数据库中数据的权限，其目的是为了数据库的＿＿＿＿＿＿＿。

3．在概念模型中，通常用实体-联系图表示数据的结构，其三个主要的元素是＿＿＿＿＿＿＿、＿＿＿＿＿＿＿和＿＿＿＿＿＿＿。

4．学校中有若干个系和若干位教师，每位教师只能属于一个系，一个系可以有多位教师，系与教师的联系类型是＿＿＿＿＿＿＿。

5．数据库系统中所支持的主要逻辑模型有层次模型、关系数据模型、＿＿＿＿＿＿＿和面向对象模型。

6．联系两个表的关键字称为＿＿＿＿＿＿＿。

7. 关系中主键的取值必须唯一且非空，这条规则是_____完整性规则。

8. 关系模式是对关系结构的定义，是对关系_____的描述。

9. 对于 1∶1 的联系，_____均是该联系关系的候选键。

10. 对于 1∶n 的联系，关系的键是_____。

11. 对于 m∶n 的联系，关系的键是_____。

12. 关系完整性约束包括_____完整性、参照完整性和用户自定义完整性。

二、选择题

1. 数据库管理技术的发展阶段不包括（　　）。

    A. 数据库系统管理阶段　　　　　　B. 人工管理阶段

    C. 文件系统管理阶段　　　　　　　D. 操作系统管理阶段

2. 数据处理进入数据库系统阶段，以下不是这一阶段的优点的是（　　）。

    A. 有很高的数据独立性

    B. 数据不能共享

    C. 数据整体结构化

    D. 有完备的数据控制功能

3. 用于定义、撤销和修改数据库对象的语言是（　　）。

    A. DDL　　　　B. DML　　　　C. DC　　　　D. DEL

4. 数据库系统的出现使信息系统以（　　）为中心。

    A. 数据库　　　B. 用户　　　　C. 软件　　　D. 硬件

5. 在现实世界中，事物的一般特性在信息世界中称为（　　）。

    A. 实体　　　　B. 实体键　　　C. 属性　　　D. 关系键

6. 实体-联系图（E-R 图）是（　　）。

    A. 现实世界到信息世界的抽象　　B. 描述信息世界的数据模型

    C. 对现实世界的描述　　　　　　D. 描述机器世界的数据模型

7. 关系数据模型的数据结构是（　　）。

    A 树　　　　　B. 图　　　　　C. 表　　　　D. 二维表

8. 关系 R 和 S 进行自然连接时，要求 R 和 S 含有一个或多个公共（　　）。

    A. 元组　　　　B. 行　　　　　C. 记录　　　D. 属性

9. 设属性 A 是关系 R 的主属性，则属性 A 不能取空值，这是（　　）。

    A. 实体完整性规则　　　　　　　B. 参照完整性规则

    C. 用户自定义完整性规则　　　　D. 域完整性规则

三、简答题

1. 简述数据、数据库、数据库管理系统和数据库系统的定义。

2. 数据库系统有哪些特点？

3. 数据库管理系统的主要功能有哪些？

4. 在关系代数中，等值条件连接和自然连接的区别是什么？

5. 试述关系数据模型的完整性规则。在参照完整性规则中，为什么外键属性的值也可以为空？什么情况下才可以为空？

6. 什么是关系规范化？关系规范化的目的是什么？关系规范化的基本方法是什么？1NF 至 BCNF，它们之间的关系是什么？

四、设计题

1. 试给出三个实际情况的 E-R 图，要求实体之间具有一对一、一对多、多对多各种不同的联系。

2. 某学院有若干系，每个系有若干班级和教研室，每个教研室有若干教师，每个班有若干学生，每个学生选修若干课程，每门课程可由若干学生选修。请使用 E-R 图绘制该学院的概念模型。

3. 某商品销售公司有若干销售部门，每个销售部门有若干员工，销售多种商品，所有商品由一个厂家提供，设计该公司销售系统的 E-R 模型，并将其转换为关系模式。

4. 设关系模式 SCT（学号，课程号，成绩，教师名，教师地址）。如果规定：每个学生每学一门课程只有一个成绩；每门课只有一个教师任教；每个教师只有一个地址（无同名教师）。

（1）写出关系模式 SCT 的基本函数依赖集。

（2）找出关系模式 SCT 的候选键。

（3）试把 SCT 分解成 2NF 模式集，并说明理由。

（4）试把 SCT 分解成 3NF 模式集，并说明理由。

【课外实践】

实践任务 1　绘制表示班级与学生关系的 E-R 图

要求：

（1）确定班级实体和学生实体的属性和键。

（2）确定班级和学生之间的联系，给联系命名并指出联系的类型。

（3）确定联系本身的属性。

（4）绘制班级与学生关系的 E-R 图。

（5）将 E-R 图转化为表，写出表的关系模式并标明各自的主键或外键。

实践任务 2　绘制表示顾客与商品关系的 E-R 图

要求：

（1）确定顾客实体和商品实体的属性和键。

（2）确定顾客和商品之间的联系，给联系命名并指出联系的类型。

（3）确定联系本身的属性。

（4）绘制顾客与商品关系的 E-R 图。

（5）将 E-R 图转化为表，写出表的关系模式并标明各自的主键或外键。

实践任务 3　绘制表示学校与校长关系的 E-R 图

要求：

（1）确定学校实体和校长实体的属性和键。

（2）确定学校和校长之间的联系，给联系命名并指出联系的类型。

（3）确定联系本身的属性。

（4）绘制学校与校长关系的 E-R 图。

（5）将 E-R 图转化为表，写出表的关系模式并标明各自的主键或外键。

实践任务 4　绘制房地产交易中客户、业务员和合同间关系的 E-R 图

要求：

（1）确定客户实体、业务员实体和合同实体的属性和键。

（2）确定客户、业务员和合同三者之间的相互联系，给联系命名并指出联系类型。

（3）确定联系本身的属性。

（4）绘制客户、业务员和合同三者关系的 E-R 图。

（5）将 E-R 图转化为表，写出表的关系模式并标明各自的主键或外键。

实践任务 5　确定表中的关键字

已知部门表和员工表，分别如表 1-13 和表 1-14 所示。

表 1-13　部门表

部门代码	部门名	负责人	地点
0001	生产部	李华江	重庆荣昌县
0002	销售部	张丽	重庆渝中区
0003	市场部	王欣	重庆江北区

表 1-14　员工表

员工代码	姓名	家庭住址	联系电话	邮政编码	部门代码
200001	王华	重庆	67690986	401147	0001
200002	李想	成都	54387659	508763	0003
200003	张丽	上海	67893542	208761	0002
200004	李华江	重庆	76549873	400054	0001

要求：

（1）确定部门表和员工表中的候选键（单属性或组合属性），并陈述理由。

（2）在候选键中确定部门表和员工表的主键。

（3）确定部门表和员工表中的共有属性。

（4）指出哪个表中的哪个属性是外键。

（5）确定哪个表是主表，哪个表是从表。

（6）解释部门表和员工表是如何通过关键字实现数据完整性的。

实践任务 6　规范化数据

已知项目表 1、项目表 2、职员表和项目表 3，分别如表 1-15～表 1-18 所示。

表 1-15　项目表 1

项目代码	职员代码	部门	累计工作时间
P27 P51 P20	E101	系统集成部	90 101 60
P27 P22	E305	销售部	109 98
P51 P27	E508	行政办公室	NULL 72

表 1-16　项目表 2

项目代码	职员代码	部门	累计工作时间
P27	E101	系统集成部	90
P27	E305	财务部	10
P51	E508	行政办公室	NULL
P51	E101	系统集成部	101
P20	E101	系统集成部	60
P27	E508	行政办公室	73

表 1-17　职员表

职员代码	部门	部门负责人代码
E101	系统集成部	E901
E305	财务部	E909
E402	销售部	E909
E508	行政办公室	E908
E607	财务部	E909
E608	财务部	E909

表 1-18　项目表 3

项目代码	职员代码	职员姓名	累计工作时间
P2	E1	李华玉	48
P5	E2	陈家伟	100
P6	E3	张勤	15
P3	E4	谢成权	250
P5	E4	谢成权	75
P5	E1	李华玉	40

要求：

（1）判断项目表 1 是否满足 1NF 的条件，并说明理由。

（2）判断项目表 2 是否满足 2NF 的条件，并说明理由。

（3）判断职员表是否满足 3NF 的条件，并说明理由。

（4）判断项目表 3 是否满足 BCNF 的条件，并说明理由。

（5）将项目表 1 转换成满足 1NF 条件的表。

（6）将项目表 2 转换成满足 2NF 条件的表。

（7）将职员表转换成满足 3NF 条件的表。

（8）将项目表 3 转换成满足 BCNF 条件的表。

（9）简述规范化数据带来的不利影响。

模块 2　安装和配置数据库

【项目内容】

- 初识 SQL Server 2019
- 安装 SQL Server 2019
- 配置 SQL Server 2019
- 使用 SQL Server 2019 常用管理工具

【导航引领】

用探索式创新思维方式认识新一代数据平台的功能，进而学习如何安装与配置 SQL Server 2019、如何使用 SSMS 的"对象资源管理器"和"查询编辑器"，提升操作技能和数据管理能力，为搭建数据操作平台奠定基础。

【知识目标】

- 了解 SQL Server 2019 的功能和安装环境
- 了解 SQL Server 2019 的配置

【能力目标】

- 会安装和配置 SQL Server 2019
- 会使用 SQL Server 2019 常用管理工具
- 会熟练使用 SSMS 的"查询编辑器"窗口

项目 2.1　初识 SQL Server 2019

SQL Server 2019 是微软推出的关系数据库解决方案，是面向大、中型企业的数据库平台。作为新一代的数据平台产品，SQL Server 2019 在延续现有数据平台的强大能力基础上，针对大数据及数据仓库，提供从数 TB 到数百 TB 存储能力的全面解决方案。同时全面支持云技术与

4
认识 SQL Server 数据库

平台，能够快速构建相应的解决方案以实现私有云与公有云之间数据的扩展与应用的迁移。在业界领先的商业智能领域，SQL Server 2019 提供了更多更全面的功能以满足不同人群对数据及信息的需求，包括支持来自不同网络环境的数据交互，全面的自助分析等创新功能。

SQL Server 2019 包括企业版（Enterprise）、标准版（Standard）、开发者版（Developer）、工作组版（WorkGroup）及精简版（Express）。安装环境要求如表 2-1 所示。

表 2-1　SQL Server 2019 安装环境要求

	类别	要求
硬件	CPU	x64 处理器及兼容处理器，主频 1.4GHz 或更高
	内存	精简版至少 512MB，其他版本 1GB 以上

（续）

	类别	要求
硬件	硬盘	6GB 以上
	监视器	Super-VGA(800×600)或更高
	网卡	10MB/1000MB 兼容卡
软件	操作系统	Windows 10 TH1 1507 或更高
	IIS	报表服务器需要 IIS 10.0 以上
	ASP.NET	报表服务需要 ASP.NET 4.0 以上

项目 2.2 安装 SQL Server 2019

任务 2.2.1 安装准备

SQL Server 2019 属于商业数据库软件，除了企业版、标准版需要支付费用购买授权码才能获得使用权外，微软还提供了免费的开发版或精简版供下载作为个人研究或学习使用。学习者可访问 https://www.microsoft.com/zh-cn/sql-server/sql-server-downloads 选择下载所需版本，如图 2-1 所示，选择下载某个免费版本。

图 2-1　下载免费使用版本

任务 2.2.2 安装

SQL Server 2019 的安装过程如下。

1）运行 SQL Server 2019 安装目录下的 Setup.exe 程序，进入如图 2-2 所示的"SQL Server 安装中心"页面。该页面包括计划一个安装，设定安装方式（包括全新安装，从以前版本的 SQL Server 升级），以及用于维护 SQL Server 安装的其他选项。

2）单击左侧的"安装"选项，会出现如图 2-3 所示的页面。如果是在新的计算机上或第一次安装 SQL Server 2019，可选择"全新 SQL Server 独立安装或向现有安装添加功能"选项，其后，安装程序将进行安装程序支持规则检测，如图 2-4 所示。

图 2-2　SQL Server 2019 安装中心-计划

图 2-3　SQL Server 2019 安装中心-安装

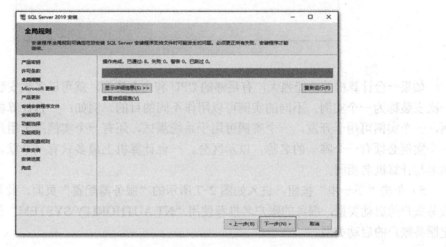

图 2-4　安装程序支持规则检测

3）单击"下一步"按钮，进入如图 2-5 所示的"功能选择"页面。在该页面中，选择要安装的功能可以按实际工作需要来选择，对于只安装数据库服务器而言，一般要安装实例功能组中的"数据库引擎服务"及其中的"SQL Server 复制"；共享功能组的"客户端连接 SDK"。其中，数据库引擎服务是 SQL 数据库的核心服务。

图 2-5　功能选择

4）单击"下一步"按钮，进入如图 2-6 所示的"实例配置"页面。用户可直接选择"默认实例"进行安装，也可选择"命名实例"进行安装。

图 2-6　实例配置

如果一台计算机的功能强大，有足够的 CPU 和内存资源，就可以多次安装 SQL Server，每一次安装称为一个实例。不同的实例可以用作不同的目的。例如：一台计算机上安装了三个实例，一个实例可用于开发，一个实例可用于系统测试，还有一个实例用于用户测试。所以，每一个实例必须有一个唯一的名称，以示区分。一台计算机上最多只有一个默认实例名，默认实例名与计算机名相同。

5）单击"下一步"按钮，进入如图 2-7 所示的"服务器配置"页面。此页面主要用于配置服务账户的启动类型，服务的账户名推荐使用"NT AUTHORITY\SYSTEM"的系统账户，并指定服务账户的启动类型。

图 2-7　服务器配置

默认情况下，SQL Server Browser 是被禁用的。如果 SQL Server 安装在服务器上，可以不用让 SQL Server Browser 运行。如果 SQL Server 安装在一台本地计算机上，可以将该选项更改为"自动"启动。

6）单击"下一步"按钮，进入如图 2-8 所示的"数据库引擎配置"页面。在该页面的"服务器配置"选项卡中，设置 SQL 登录验证模式，有两个选择：一种是 Windows 身份验证模式，它表示使用 Windows 的安全机制维护 SQL Server 的登录；另一种是混合模式，它表示要么使用 Windows 的安全机制，要么使用 SQL Server 定义的登录 ID 和密码。如果使用混合模式，还需要为内置的 SQL Server 系统管理员账户（sa）设置密码。

图 2-8　数据库账户设置

> 提示：推荐使用混合模式作为身份验证模式。在安装过程中，SQL Server 2019 对内置的 SQL Server 系统管理员账户（sa）的密码强度要求相对比较高，需要由大小写字母、数字及符号组成，否则将不允许继续安装。

另外，还必须指定 SQL Server 管理员账户。这是一个特殊的账户，如果遇到 SQL Server 拒绝连接的情况，能够使用这个账户进行登录。单击"添加当前用户"按钮，使登录到这台计算机上的当前账户（即本机的 Windows 系统管理账户 administrator）成为管理员。当然也可以单击"添加"按钮，新建一个专门用于 SQL Server 管理的账户。

7）切换到"数据库引擎配置"页面中的"数据目录"选项卡，进入"数据目录"配置页面。在该页面中，用户可根据需要设置 SQL 各种类型数据文件的存储位置。如果没有选择，则存储在 SQL Server 的安装目录下。

8）单击"下一步"按钮，进入如图 2-9 所示的"准备安装"页面。在该页面，安装程序汇总显示了各个安装选项。

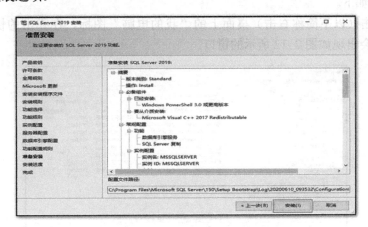

图 2-9　汇总显示各个安装选项

9）单击"安装"按钮，系统将完成后续的安装，其安装完成情况如图 2-10 所示。

10）安装完成后，从"开始"菜单运行"**SQL Server Management Studio**"管理工具（需要另外安装），会出现如图 2-11 所示的"连接到服务器"对话框。

图 2-10　安装完成　　　　　　　　　　　图 2-11　"连接到服务器"对话框

11）选择服务器名称、身份验证模式，并输入用户名和密码，单击"连接"按钮即可连接数据引擎。

项目 2.3　配置 SQL Server 2019

任务 2.3.1　查看 SQL Server 2019 服务

SQL Server 在服务器后台需要运行不同的服务。完整安装的 SQL Server 包括多个方面的服务，其中一些服务可以使用 SQL Server 配置管理器或 Windows 系统中的"计算机管理"工具来进行管理。

1. 使用"计算机管理"工具查看 SQL Server 的服务

其操作步骤如下。

1）右键单击（以下简称右击）桌面上的"我的电脑"图标，在弹出的快捷菜单中选择"管理"命令，会出现如图 2-12 所示的窗口。

图 2-12　SQL Server 服务管理

2）在该窗口中，可以通过"SQL Server 配置管理器"节点中的"SQL Server 服务"子节点查看 Microsoft SQL Server 2019 系统的所有服务及其运行状态。

在这个服务管理节点中，根据安装时选择的内容，可能含有 Microsoft SQL Server 2019 系统的几个服务。

- ✪ SQL Server Integration Services，即集成服务？
- ✪ SQL Full-text Filter Daemon Launcher，即全文搜索服务？
- ✪ SQL Server，即数据库引擎服务？
- ✪ SQL Server Analysis Services，即分析服务？
- ✪ SQL Server Reporting Services，即报表服务？
- ✪ SQL Server Browser，即 SQL Server 浏览器服务？
- ✪ SQL Server 代理，即 SQL Server 代理服务。

2. 使用"SQL Server 配置管理器"工具查看和控制 SQL Server 的服务

其操作步骤如下。

1）选择"开始"→"程序"→"Microsoft SQL Server 2019"→"配置工具"→"SQL Server 2019 配置管理器"菜单命令，会出现如图 2-13 所示的窗口。

图 2-13　SQL Server 2019 的配置管理器

2）单击左窗格中的"SQL Server 服务"，在右窗格中列出了当前可配置的 SQL Server 服务。

3）在右窗格中，右击要配置的"SQL Server（MSSQLSERVER）"服务，在弹出的快捷菜单中选择"属性"命令，会出现如图 2-14 所示的对话框。其中，"登录"选项卡用于为服务指定登录身份："内置账户"是 Windows 绑定账户，其账户名和密码由 Windows 确定；"本账户"由 SQL Server 管理，需指定登录账户名和密码。

4）切换到"服务"选项卡，出现如图 2-15 所示的界面。该界面用于配置服务的手动、自动、已禁用三种启动模式。

5）切换到"FILESTREAM"选项卡，出现如图 2-16 所示的界面。该界面用于设置是否启用文件流形式存储数据。在 SQL Server 2019 中允许以独立文件的形式存放大数据对象，而不是像以前版本那样将所有数据都保存到数据文件中。

6）切换到"高级"选项卡，出现如图 2-17 所示的界面。该界面用于设置是否需要配置服务的启动错误报告、客户反馈报告，指定在服务启动时使用的参数，指定转储错误信息的文件夹等。

图 2-14　为所选服务设置启动账户　　　　　图 2-15　设置服务的启动模式

图 2-16　为数据库引擎实例配置文件流　　　　图 2-17　为所选的服务设置高级选项

7）单击"确定"按钮使配置生效。

 提示：如果在修改以上参数时服务正在运行，则必须在"登录"选项卡中单击"重新启动"按钮，使新的设置生效。

任务 2.3.2　查看 SQL Server 2019 的网络配置

SQL Server 可以通过 Shared Memory（共享内存）、Named Pipes（命名管道）、TCP/IP 这 3 种协议来配置独立的服务器和客户端。

通过"SQL Server 配置管理器"工具，可以为每一个服务器实例独立设定网络配置，如图 2-18 所示；也可以为每个客户端进行配置，如图 2-19 所示。在配置客户端时，当有多种客户端协议要配置使用时，则客户端按一个特定的优先顺序来使用这些协议，默认优先顺序是

Shared Memory→TCP/IP→Named Pipes。

图 2-18 查看 SQL Server 实例的网络配置

图 2-19 查看客户端协议

SQL Server 的安装可以配置为本地连接和远程连接。在很多情况下，网络连接出现问题都是因为客户机网络配置不合理，或客户机网络配置与服务器配置不匹配引起的。

任务 2.3.3 配置 Shared Memory 协议

Shared Memory 协议用于本地连接。如果该协议被启用，任何本地用户都可以使用这些协议连接到服务器。如果不希望本地用户连接到服务器，可以禁用该协议。其方法是：在"SQL Server 配置管理器"中，单击左窗格中的"SQL Server 网络配置"节点，选择一个 SQL Server 实例的协议项。在右窗格中，右击"Shared Memory"协议，在弹出的快捷菜单中选择"禁用"命令，如图 2-20 所示。

任务 2.3.4 配置 Named Pipes 协议

Named Pipes 协议主要用于较早版本的 Windows 操作系统上所写程序的本地连接和远程连接。启用 Named Pipes 时，SQL Server 2019 会使用 Named Pipes 网络库通过一个标准网络地址来通信：默认实例是\\.\pipe\sql\query，命名实例是\\.\pipe\MSSQL$instancename\sql\query。如果要启用或禁用该协议，可以通过配置这个协议的属性来改变其作用。其方法与禁用 Shared Memory 协议类似，这里不再重复。

图 2-20 配置 Shared Memory 协议

任务 2.3.5 配置静态 TCP/IP

TCP/IP 是通过本地或远程连接到 SQL Server 的首选协议。使用 TCP/IP 时，SQL Server 会在指定的 TCP 端口和 IP 地址进行侦听以响应它的请求。在默认情况下，SQL Server 会在所有的 IP 地址中侦听 TCP 端口 1433，当然，SQL Server 也会只侦听指定启用的 IP 地址。

将 SQL Server 实例配置为使用静态 TCP/IP 网络配置，其操作步骤如下。

1）在"SQL Server 配置管理器"中，展开左窗格中的"SQL Server 网络配置"节点，选择一个 SQL Server 实例的协议项，在右窗格中，右击"TCP/IP"协议，在弹出的快捷菜单中选择"属性"命令，出现如图 2-21（左）所示的"协议"选项卡。

图 2-21　设置侦听所有 IP 地址和 TCP 端口

2）切换到如图 2-21（右）所示的"IP 地址"选项卡后，可以看到在服务器上配置的 IP 地址清单（包括 IPv4 和 IPv6）。单独的 IP 地址项是按数字排列的，例如：IP1，IP2，…，IP9，IPAll。当 SQL Server 侦听指定的 IP 地址时，需要对这些单独的 IP 地址项进行相应设置。当 SQL Server 侦听服务器上所有 IP 地址时，须设置"IPAll"项。

3）如果要使 SQL Server 侦听服务器上所有 IP 地址，应进行以下操作，如图 2-21 所示。

① 在"协议"选项卡中，将"全部侦听"设为"是"。

② 在"IP 地址"选项卡中，为"IPAll"指定一个 TCP 侦听端口，默认是 1433，要改变 TCP 侦听端口，输入 TCP 侦听端口即可。

4）如果想在一个指定的 IP 地址和 TCP 端口中启用侦听，应进行以下操作，如图 2-22 所示。

图 2-22　设置侦听指定的 IP 地址和 TCP 端口

① 在"协议"选项卡中，将"全部侦听"设为"否"。

② 在"IP 地址"选项卡中，将要侦听的 IP 地址的"活动"属性设为"是"，将"已启用"属性设为"是"。然后，为每一个 IP 地址分别输入相应的 TCP 端口。

③ 在"IP 地址"选项卡中，将不需要侦听的 IP 地址的"活动"属性和"已启用"属性都

设为"否"。

　　5）单击"确定"按钮。

 提示：SQL Server 可以侦听同一 IP 地址的多个端口，只需列出端口清单，端口之间用逗号分隔，如 1433,1533,1534。在逗号和值之间不能有空格。

任务 2.3.6　配置动态 TCP/IP

　　将 SQL Server 实例配置为使用动态 TCP/IP 网络配置，其操作步骤如下。

　　前两步与任务 2.3.5 相同，略。

　　1）如果要使 SQL Server 侦听服务器上的所有 IP 地址的动态端口，应进行以下操作，如图 2-23 所示。

　　① 在"协议"选项卡中，将"全部侦听"设为"是"。

　　② 在"IP 地址"选项卡中，在"IPAll"的"TCP 动态端口"文本框中输入 0。

图 2-23　设置侦听所有 IP 地址的动态端口

　　2）如果想在一个指定的 IP 地址和 TCP 端口中启用侦听，应进行以下操作，如图 2-24 所示。

　　① 在"协议"选项卡中将"全部侦听"设为"否"。

　　② 在"IP 地址"选项卡中将要侦听的 IP 地址的"活动"属性和"已启用"属性都设为"是"。

　　③ 在相应的"TCP 动态端口"文本框中输入 0。

　　④ 在"IP 地址"选项卡中将不需要侦听的 IP 地址的"活动"属性和"已启用"属性都设为"否"。

任务 2.3.7　解决 SQL Server 无法远程连接的问题

　　在使用 SQL Server 2019 远程连接时，如果不能正常连接，可以从以下三个方面依次检查并配置。

1. 检查 SQL 数据库服务器中是否允许远程连接

　　在 SQL2019 服务器中，可以通过打开 SQL Server 2019 管理工具（SQL Server Management Studio，需额外安装）来完成这项检查。

图 2-24　设置侦听指定 IP 地址的动态端口

其操作步骤如下。

1）选择"开始"→"程序"→"Microsoft SQL Server Tools"→"SQL Server Management Studio"菜单命令，打开如图 2-25 所示的窗口。

图 2-25　SQL Server Management Studio 窗口

2）右击服务器名，在弹出的快捷菜单中选择"属性"命令，出现"服务器属性"窗口。单击"选择页"列表框中的"连接"选项，出现如图 2-26 所示的界面。

图 2-26　"服务器属性"窗口

3）检查是否勾选"允许远程连接到此服务器"复选框后，单击"确定"按钮。

4）重启 SQL Server 服务，若仍出现错误提醒对话框，那么继续做后面的检查。

2．配置 SQL 服务器（MSSQLServer）的相应协议

其操作步骤如下。

1）选择"开始"→"程序"→"Microsoft SQL Server 2019"→"SQL Server 2019 配置管理器"菜单命令，打开"SQL Server Configuration Manager"窗口。

2）在该窗口中，展开"SQL Server 网络配置"节点，单击"MSSQLSERVER 的协议"选项，检查右边窗格中"TCP/IP"是否为"已启用"状态，如图 2-27 所示。

图 2-27　检查 SQL Server 的网络配置

3）重启 SQL Server 服务，再次检查是否可以执行远程连接。若依然出现错误提醒对话框，则需要进一步检查操作系统的防火墙选项。

3．检查 SQL 服务器防火墙设置

在完成了前面两步操作后，若用户端计算机仍然无法远程连接到 SQL 服务器，则需要对 SQL 服务器防火墙进行重新配置。

其操作步骤如下。

1）查看 SQL 服务器上支持 TCP/IP 的端口。方法是：在图 2-27 中，右击"TCP/IP"选项，在弹出的快捷菜单中选择"属性"命令，会出现"TCP/IP 属性"对话框，选择"IP 地址"选项，如图 2-28 所示。由此可以看出，一般 SQL 服务器上支持 TCP/IP 的是 1433 端口。

图 2-28　查看支持 TCP/IP 的端口

2）在防火墙的配置中设置支持 TCP/IP，允许 1433 端口访问。如果服务器上运行的是 Windows 10 操作系统（其他微软操作系统的方法类似），则在"控制面板"中选择"Windows Defender 防火墙"选项，会出现如图 2-29 所示的窗口。

图 2-29　Windows 防火墙设置

3）选择"高级设置"选项后，会打开"高级安全 Windows Defender 防火墙"窗口，然后，再单击左窗格中的"入站规则"选项，会出现如图 2-30 所示的窗口。

图 2-30　Windows 防火墙入站规则设置

4）选择图 2-30 右窗格中的"新建规则"选项，会出现如图 2-31 所示的"新建入站规则向导"对话框。

图 2-31　选择入站规则类型

5）在该对话框中，选择"端口"选项后，单击"下一步"按钮，会出现如图 2-32 所示的对话框。

图 2-32　选择协议和设置端口

6）在该对话框中勾选"特定本地端口"单选按钮，并在其右侧的文本框中输入"1433"，然后依次单击"下一步"按钮，根据向导完成"操作""配置文件"等选项的设置，最后，在如图 2-33 所示的对话框中，输入名称"SQL Server Port"，单击"完成"按钮。

图 2-33　设置新建规则的名称

完成了以上三个方面的操作，并确认每一步操作都正确后，重新启动计算机，之后，用户的 SQL 服务器即可支持远程连接。

任务 2.3.8　设置本地客户端配置的安全性

默认情况下，客户端不使用安全套接字层（SSL），也不会尝试校验服务证书。可以强制执行协议加密、服务器证书校验或二者兼顾，其方法如下。

1）在"SQL Server 配置管理器"中，右击左窗格中的"SQL Native Client 11.0 配置"节点（见图 2-27），在弹出的快捷菜单中选择"属性"命令，弹出如图 2-34 所示的对话框。

2）如果在"强制协议加密"框中选择"是"，会强制客户端使用 SSL，否则，会使用未加密的连接。

图 2-34　设置本地客户端配置的安全性

3）如果在"信任服务器证书"框中选择"是"，会强制客户端校验服务器证书，否则，会跳过对服务器证书的校验。

任务 2.3.9 配置本地客户端协议的顺序

SQL Server 提供了一项功能，即客户机可以选择使用一个协议，如果该协议不起作用，则再使用另一协议。本地连接的首选协议是 Shared Memory 协议，通过以下步骤可以改变其他协议的顺序。

1）在"SQL Server 配置管理器"中，展开左窗格中的"SQL Native Client 11.0 配置"节点，右击"客户端协议"，在弹出的快捷菜单中选择"属性"命令，出现"客户端协议 属性"对话框。

2）如图 2-35 所示，在该对话框中，可以进行以下操作。

图 2-35 设置本地客户端协议的顺序

① 改变启用协议的顺序。选中要调整顺序的协议，单击"上移"或"下移"按钮。

② 禁用或启用协议。在"启动的协议"列表框中，选中一个协议，单击"左移"按钮即可禁用该协议。在"禁用的协议"列表框中，选中一个协议，单击"右移"按钮即可启用该协议。

③ 禁用或启用 Shared Memory 协议。取消勾选"启用 Shared Memory 协议"复选框可以为本地客户端连接禁用 Shared Memory 协议。反之，则为本地客户端连接启用 Shared Memory 协议。

3）单击"确定"按钮。

项目 2.4 使用 SQL Server 2019 常用管理工具

任务 2.4.1 查看或下载 SQL Server 工具

访问网页 https://www.microsoft.com/zh-cn/sql-server/sql-server-downloads，可下载使用 SQL Server 的辅助工具，如图 2-36 所示。

任务 2.4.2　使用 SQL Server Management Studio（SSMS）

Microsoft SQL Server 2019 安装后，还须单独下载安装 Microsoft SQL Server Management Studio（SSMS），下载链接地址如图 2-36 所示。

图 2-36　查看或下载 SQL Server 辅助工具

SSMS 是 Microsoft SQL Server 2019 提供的集成应用环境，它将各种图形化工具和多功能的脚本编辑器组合在一起，完成访问、配置、控制、管理和开发 SQL Server 的所有工作，极大地方便了技术人员和数据库管理员对 SQL Server 系统的各种访问。启动 Microsoft SQL Server Management Studio 后，其界面如图 2-25 所示。

SSMS 是由多个管理和开发工具组成的，主要包括"已注册的服务器""对象资源管理器""查询编辑器""模板资源管理器""解决方案资源管理器"等窗口。

1. 打开"已注册的服务器"窗口

要打开"已注册的服务器"窗口，可在"视图"菜单中选择。在该窗口中，可以完成注册服务器和将服务器组合成逻辑组的功能。通过该窗口可以选择数据库引擎服务器、分析服务器、报表服务器、集成服务器等。当选中某个服务器时，可以从单击右键打开的快捷菜单中进行新建服务器组、启动或停止服务器、查看服务器属性、导入或导出服务器信息等操作。例如：要启动或停止当前数据库服务器，可按图 2-37 所示进行操作。

图 2-37　启动或停止服务器

2. 认识"对象资源管理器"窗口

在该窗口中，可以完成注册、启动和停止服务器，配置服务器属性，创建数据库及表、视图、存储过程等数据库对象，生成 Transact-SQL 对象以创建脚本、创建登录账户、管理数据库对象权限等，配置和管理复制，监视服务器活动，查看系统日志等操作。

3. 使用"查询编辑器"窗口

在 SSMS 中，单击工具栏上的"新建查询"按钮，可打开"查询编辑器"窗口，该窗口主要用于编写和运行 Transact-SQL 脚本。它既可以在连接模式下工作，也可以在断开模式下工作。SQL Server 2019 的"查询编辑器"支持彩色代码关键字，可视化地显示语法错误，允许开发人员运行和诊断代码等。

例如：要查看服务器上"XSCJ"数据库中"XSB"表中的信息，可按图 2-38 所示在"查询编辑器"窗口中输入代码后，单击工具栏上的"执行"按钮，就可在"查询结果"窗格中看到结果。

图 2-38 "查询编辑器"窗口

1. 认识 SQL Server Profiler

SQL Server Profiler 是随服务安装而自动安装的工具，此工具可以像摄像机一样对 Microsoft SQL Server 系统的运行过程进行摄录。

SQL Server Profiler 是用于从服务器中捕获 SQL Server 2019 事件的工具。这些事件可以是连接服务器、登录系统、执行 Transact-SQL 语句等操作。它们被保存在一个跟踪文件中，以便日后诊断问题时，可以对该文件进行分析或重播一系列特定的步骤，从而有效地发现系统中性能比较差的查询语句等相关问题。

2. 运行 SQL Server Profiler

运行 SQL Server Profiler 的方法如下。

1）在 SSMS 窗口中，选择"工具"→"SQL Server Profiler"菜单命令，会出现如图 2-11 所示的"连接到服务器"对话框。

2）输入用户名和密码后，单击"连接"按钮，会出现如图 2-39 所示的对话框。

3）在该对话框中，可以设置跟踪名称、使用模板、保存到文件的地址和名称、保存到表的服务器名和数据表名，以及跟踪的停止时间。

4）切换到"事件选择"选项卡，在如图 2-40 所示的界面中，可以设置要跟踪的事件和事件列。

图 2-39　"跟踪属性"对话框　　　　　　　　　　　图 2-40　"事件选择"选项卡

5）单击"运行"按钮，出现如图 2-41 所示的跟踪窗口，根据跟踪结果可以分析出现问题的原因。

图 2-41　SQL Server Profiler 的运行窗口

 提示：启动 SQL Server Profiler 有多种方法，包括从 Windows 10 "开始"菜单启动、从数据库引擎（Database Engine）优化顾问中的"工具"菜单启动，以及从 SQL Server Management Studio 中的多个位置启动。

任务 2.4.4　使用数据库引擎优化顾问

1. 认识数据库引擎优化顾问

数据库引擎优化顾问（Database Engine Tuning Advisor）工具可以帮助用户分析工作负荷、提出创建高效率索引的建议等。借助数据库引擎优化顾问，用户不必详细了解数据库的结构就可以选择和创建最佳的索引、索引视图和分区等。

使用数据库引擎优化顾问工具可以执行下列操作。

☼ 通过查询优化器分析工作负荷中的查询，推荐数据库的最佳索引组合。

☼ 为工作负荷中引用的数据库推荐对齐分区和非对齐分区。

☼ 推荐工作负荷中引用的数据库的索引视图。

☼ 分析所建议的更改将会产生的影响，包括索引的使用和查询在工作负荷中的性能。

✪ 推荐为执行一个小型的问题查询集而对数据库进行优化的方法。

✪ 允许通过指定磁盘空间约束等选项对推荐进行自定义。

✪ 提供对所给工作负荷的建议执行效果的汇总报告。

2. 运行数据库引擎优化顾问

运行数据库引擎优化顾问的方法如下。

1）在 SSMS 窗口中，选择"工具"→"数据库引擎优化顾问"菜单命令，会出现如图 2-11 所示的"连接到服务器"对话框。

2）单击"连接"按钮后，会出现如图 2-42 所示的窗口。

3）在该窗口中，设置会话名称、工作负荷所用的文件或表，选择要优化的数据库和表，如图 2-43 所示。

图 2-42　数据库引擎优化顾问窗口

图 2-43　设置常规选项

4）单击"开始分析"按钮，进行分析。分析完毕，会出现如图 2-44 所示的窗口，在该窗口中，可以看到 SQL Server 2019 给出的优化建议。

5）切换到"报告"选项卡，可以看到各个选项的优化报告，如图 2-45 所示。

图 2-44　优化建议

图 2-45　优化报告

【课后练习】

一、填空题

1. 在一台计算机上可以多次安装 SQL Server，每一个安装称为_____。

2．在 SQL Server2019 中，主要用于管理与 SQL Server 相关联的服务、配置 SQL Server 使用的协议、管理网络连接配置的一种实用工具是＿＿＿＿＿＿＿＿。

3．在 SQL Server Management Studio 中，用于查看和管理服务器中的所有对象的组件是＿＿＿＿＿＿＿＿。

4．在 SQL Server 2019 的安装过程中，需要选择设置的两种身份验证模式是＿＿＿＿＿＿和＿＿＿＿＿＿。

5．SQL Server 2019 中的服务可以通过＿＿＿＿和＿＿＿＿工具来进行管理。

6．SQL Server 的安装可以配置为＿＿＿＿连接和＿＿＿＿连接。

7．用于本地连接的首选协议是＿＿＿＿。

8．通过本地或远程连接到 SQL Server 的首选协议是＿＿＿＿。

二、简答题

1．"对象资源管理器"有什么作用？

2．"新建查询"窗口有什么作用？

3．性能工具 SQL Server Profiler 有什么作用？

【课外实践】

实践任务 1　访问微软网站，了解 SQL Server 2019 的新增功能

实践任务 2　利用网络查询，了解常用数据库管理系统的优缺点

实践任务 3　选择安装适合自己的 SQL Server 版本，并做好访问配置

模块 3 创建和管理数据库

【项目内容】

- 认识数据库结构
- 创建数据库
- 修改数据库
- 删除数据库
- 查看数据库信息
- 分离与附加数据库

【导航引领】

用系统思维和精准思维方式认识 SQL Server 数据库结构，学习如何使用 DBMS 创建与管理数据库、如何使用对象资源管理器来分离与附加数据库，树立数据安全法律法规意识，学以致用，为后续数据表的创建打好基础。

【知识目标】

- 了解 SQL 数据库的结构
- 了解系统数据库、系统表的作用
- 了解数据库文件、文件组的类型及作用
- 理解数据库的配置参数

【能力目标】

- 会创建数据库
- 会在数据库中新增文件及文件组
- 会扩充或缩小数据库或事务日志的容量
- 会查看、修改、删除、重命名数据库
- 会分离与附加数据库

项目 3.1 认识 SQL Server 数据库结构

一台计算机可以安装一个或多个 SQL Server 实例。每个 SQL Server 实例又可以包含一个或多个数据库。在数据库中，有一个或多个对象所有权组（称为架构），在每个架构中，都存在数据库对象，如表、视图和存储过程。

数据库是用来存储数据和数据库对象的逻辑实体，是数据库管理系统的核心内容。要更好地理解数据库的含义，应该首先了解系统数据库、数据库文件和文件组、数据库对象、数据库状态、文件状态等相关含义。

任务 3.1.1 认识系统数据库

在 SQL Server 系统中，数据库可分为"系统数据库"和"用户数据库"两大类。用户数据库是用户自行创建的数据库，系统数据库则是 SQL Server 内置的，它们主要是用于系统管理。

SQL Server 2019 中包括以下的系统数据库。

1．Master 数据库

Master 数据库用来追踪与记录 SQL Server 的相关系统级信息。这些信息包括：SQL Server 的初始化信息、所有的登录账户信息、所有的系统配置设置、其他数据库的相关信息、数据库文件的位置等。

由此可见，Master 数据库在系统中非常重要，如果 Master 数据库不可用，则 SQL Server 也将无法启动。因此，在使用 Master 数据库时，比如进行了数据库的创建、修改或删除操作、更改了服务器或数据库的配置值、修改或添加了登录账户等操作时，应随时对 Master 数据库进行更新备份。

2．Model 数据库

Model 数据库是所有新建数据库的模板，即新建的数据库中的所有内容都是从模板数据库中复制过来的。如果 Model 数据库被修改了，那么以后创建的所有数据库都将继承这些修改。

模型数据库数据和日志文件的默认初始大小为 8MB，主数据文件以 64MB 的速度自动增长到磁盘充满为止，日志文件以 64MB 的速度自动增长到最大 2TB。

3．Msdb 数据库

Msdb 数据库用于 SQL Server 代理计划警报和作业。SQL Server 在 Msdb 的表中自动保留一份完整的联机备份和还原历史记录（包括由自定义应用程序或第三方工具创建的），这些信息包括执行备份一方的名称、备份时间和用来存储备份的设备或文件。SSMS 使用这些信息来提出计划，还原数据库和应用任何事务日志备份。SSMS、Service Broker 和数据库邮件等功能也使用该数据库。

4．Tempdb 数据库

Tempdb 数据库用于为所有临时对象或中间结果提供存储空间，也为所有其他临时存储要求提供空间。Tempdb 是一个全局资源，所有连接到 SQL Server 实例的用户都可以使用。

每次启动 SQL Server 时，系统都要重新创建 Tempdb，以保证该数据库为空。当 SQL Server 停止运行时，Tempdb 中的临时数据会自动删除。

5．Resource 数据库

Resource 数据库用来存储 SQL Server 所有的系统对象（如：以 sp_开头的存储过程），是只读数据库。SQL Server 系统对象在物理上保留在 Resource 数据库中，但在逻辑上显示在每个数据库的 sys 架构中。

Resource 数据库与 Master 数据库的区别在于：Resource 数据库存储的是系统对象，而 Master 数据库存储的是系统级的信息。

Resource 数据库的物理文件名为 mssqlsystemresource.mdf 和 mssqlsystemresource.ldf，它们默认存储在安装目录中，如：C:\Program Files\Microsoft SQL Server \MSSQL<version>.<instance_name>\MSSQL\Binn\ 中，不能随便移动。

任务 3.1.2　认识数据库对象

SQL Server 数据库中的数据在逻辑上被组织成一系列对象，当一个用户连接到数据库后，所看到的是逻辑对象，而不是物理的数据库文件。数据库对象就是存储、管理和使用数据的不同结构形式，包括数据表、视图、存储过程、触发器、类型、规则、默认值、索引等。

在图 3-1 所示的窗口中，可看到 SQL Server 将服务器的数据库组织成一个逻辑结构，在该结构中有若干的节点，每个节点又包括很多子节点，它们代表与该特定数据库有关的不同类型的对象。

图 3-1　查看 SQL Server 的数据库对象

任务 3.1.3　认识数据库标识符

1. 了解标识符的含义

标识符指数据库对象的名称。在 SQL Server 中的所有内容都有标识标，包括服务器、数据库和数据库对象（如表、视图、列、索引、触发器、过程、约束及规则等）。表 3-1 中列出的是已经命名的部分数据库对象。

表 3-1　部分命名对象

命名对象	命名对象	命名对象
Databases（数据库）	Tables（表）	Columns（列）
Rules（规则）	Constraints（约束）	Defaults（默认值）
Indexes（索引）	Filegroups（文件组）	Triggers（触发器）
Views（视图）	Servers（服务器）	Roles（角色）
Full-text catalogs（全文目录）	User Defined Functions（用户自定义函数）	User Defined Types（用户自定义类型）

2. 掌握标识符的命名规则

SQL Server 的标识符有两类：常规标识符和分隔标识符。分隔标识符是用双引号或方括号括起来的标识符。

在 SQL Server 2019 中，常规标识符的命名规则如下。

✪ 标识符长度不能超过 128 个字符，本地临时表的名称不能超过 116 个字符。

✪ 标识符的第一个字符必须是字母、下画线、中文、@、#等符号；后续字符除前面这些外，还可以包括数字、$。

✪ 标识符中不允许嵌入空格或特殊字符。

✪ 标识符不能是 Transact-SQL 保留字。

> 说明：在 SQL Server 中，以 "@" 开头的变量表示局部变量；以 "@@" 开头的变量表示全局变量；以 "#" 开头的表示局部临时对象；以 "##" 开头的表示全局临时对象；所以，用户在命名数据库时不要以这些字符开头，以免引起混乱。

任务 3.1.4　认识数据库文件

在 SQL Server 2019 系统中，一个数据库在磁盘上可以保存为一个或多个文件，这些文件称为数据库文件。数据库文件分成三类：主数据文件、次数据文件、日志文件。一个数据库至少有两个文件：一个数据文件和一个日志文件。当然，一个数据库也可以有多个数据文件和多个日志文件。

1．了解数据库文件的类型

（1）主数据文件。

每个数据库有且仅有一个主数据文件。它用于存放数据和数据库的启动信息等，它的默认扩展名为.mdf。

（2）次数据文件。

如果数据库中的数据量很大，除了将数据存储在主数据文件中以外，还可以将一部分数据存储在次数据文件中，这样，有了次数据文件就可以将数据存储在不同的磁盘中，便于操作管理。次数据文件是可选的，一个数据库可以没有次数据文件，也可以有多个次数据文件，它的默认扩展名为.ndf。

（3）日志文件。

SQL Server 2019 系统具有事务功能，可以保证数据库操作的一致性和完整性，它使用事务日志文件来记录所有事务及每个事务对数据库所做的操作。如果数据库被损坏了，数据库管理人员可以利用事务日志文件恢复数据库。一个数据库至少有一个事务日志文件，它的默认扩展名为.ldf。

> 说明：在 SQL Server 2019 中，默认的主数据文件的扩展名为.mdf、次数据文件的扩展名为.ndf、日志文件的扩展名为.ldf，但并不对扩展名强制要求。

2．理解逻辑和物理文件名

数据库文件在操作系统中存储的文件名称为物理文件名。每个物理文件名都具有明确的存储位置，其文件名称会比较长，由于在 SQL Server 系统内部要访问它们非常不方便，因此，每个数据库又有逻辑文件名，每一个物理文件名都对应一个逻辑文件名，逻辑文件名简单，引用起来非常方便。

任务 3.1.5　认识数据库文件组

为了便于分配和管理，可以将多个数据文件集合起来，组织成为一组，称为文件组。每个文件组对应一个组名。可以将文件组中的文件存放在不同磁盘，以便提高数据库的访问性能。例如：在某个数据库中，创建了三个次数据文件，分别存储在三个不同的磁盘上，并将它们指定为同一个文件组 f1，当在文件组 f1 上创建了一个表，并对表中数据进行访问时，系统可以在不同的磁盘上实现并行访问，这样就能大大提高了系统的性能。在 SQL Server 2019 中，文件组有以下两种类型。

1．主文件组

主数据文件所在的组称为主文件组。在创建数据库时，如果用户没有定义文件组，系统会自动建立主文件组。当数据文件没有指定文件组时，默认都在主文件组中。

2．次文件组

用户定义的文件组称为次文件组。如果次文件组中的文件被填满，那么只有该文件组中的用户表会受到影响。

在创建表时，不能指定将表放在某个文件中，只能指定将表放在某个文件组中。因此，如果希望将某个表放在特定的文件中，必须通过创建文件组来实现。

数据库文件和文件组必须遵循以下的规则。

1）一个文件或文件组只能被一个数据库使用。

2）一个数据文件只能属于一个文件组。

3）事务日志文件不能属于文件组。

5
创建数据库

项目3.2 创建数据库

在 SQL Server 2019 中，创建数据库的方法有两种：一是使用 SQL Server Management Studio 中的"对象资源管理器"创建数据库；二是使用 T-SQL 语句创建数据库。前者是图形化界面操作，简单易学，适合初学者学习；后者需要对 T-SQL 语法非常熟悉，难度稍大，但对于高级用户，第二种方法使用起来更加得心应手。

任务 3.2.1 使用对象资源管理器创建数据库

【例 3-1】 创建一个 DB 数据库，将所有数据库文件创建在 D 盘，其中 DB 数据库中包括 1 个主数据文件、1 个次数据文件、1 个日志文件；主数据文件和日志文件使用默认名或自定义；主数据文件的初始大小为 20M，最大容量为 100M，日志文件的其他属性使用默认值；次数据文件名为 DB_D，属于 USER 组，其他属性使用默认值。

其操作步骤如下。

1）在"对象资源管理器"窗口中展开服务器，右击"数据库"节点，会出现如图 3-2 所示的快捷菜单。

2）选择"新建数据库"命令，会出现如图 3-3 所示的对话框，在"数据库名称"框内输入数据库名"DB"后，SQL Server 2019 系统会默认产生主数据文件 DB.mdf 和日志文件 DB_log.ldf，并显示这些文件的默认属性。

3）修改主数据文件的属性。单击"初始大小(MB)"框，输入"20"；单击"自动增长"框中的 按钮，弹出"更改 DB 的自动增长设置"对话框，按如图 3-4 所示设置属性，然后单击"确定"按钮；单击"路径"框中的 按

图 3-2 "新建数据库"的快捷菜单

钮，在弹出的"定位文件夹"对话框中选择"D:\"，然后单击"确定"按钮。

4）增加文件组和次数据文件。在图 3-3 所示的"新建数据库"对话框中单击"添加"按钮，在"数据库文件"列表的"逻辑名称"框中输入"DB_D"；在"文件组"框中单击 按钮，选择"<新文件组>"命令，弹出如图 3-5 所示的对话框，在"名称"框中输入"USER"，

单击"确定"按钮。

图 3-3　输入数据库名称 DB

图 3-4　"更改 DB 的自动增长设置"对话框　　　　图 3-5　新建 USER 文件组

5）返回后，单击"确定"按钮可完成数据库的创建。

提示：如果要增加日志文件，其方法与增加次数据文件的操作类似，所不同的是日志文件不属于任何文件组。

任务 3.2.2　认识 CREATE DATABASE 语句

在 SQL Server 中，CREATE DATABASE 命令的语法如下。

```
CREATE  DATABASE  数据库名                        --设置数据库的名称
[ON]                                           --定义数据库的数据文件
[PRIMARY]                                       --设置主文件组
<数据文件描述符> [, … n ]                         --设置数据文件的属性
[, FILEGROUP 文件组名 <数据文件描述符> [, … n]]    --设置次文件组及数据文件的属性
]
[LOG  ON                                        --定义数据库的日志文件
{ <日志文件描述符> } [ , … n ]]                    --设置日志文件的属性
```

其中，<数据文件描述符> 和 <日志文件描述符> 为以下属性的组合。

```
(NAME = 逻辑文件名 ,                        --设置在 SQL Server 中引用时的名称
FILENAME = '物理文件名'                      --设置文件在磁盘上存放的路径和名称
[ , SIZE = 文件初始容量]                      --设置文件的初始容量
[ , MAXSIZE = {文件最大容量 ｜ UNLIMITED } ]   --设置文件的最大容量
[ , FILEGROWTH = 文件增长幅度 ] )             --设置文件的自动增量
```

该命令的选项说明如下。

1）ON：用于定义数据库的数据文件。

2）PRIMARY：用于指定其后所定义的文件为主数据文件，如果省略的话，系统将第一个定义的文件作为主数据文件。

3）FILEGROUP：用于指定用户自定义的文件组。

4）LOG ON：指定存储数据库日志的磁盘文件列表，列表中的<日志文件>使用","分隔。如果不指定，则由系统自动创建事务日志文件。

5）NAME：指定 SQL Server 系统引用数据文件或事务日志文件时使用的逻辑名，它是数据库在 SQL Server 中的标识。

6）FILENAME：指定数据文件或事务日志文件的文件名和路径，且该路径必须是某个 SQL Server 实例上的一个文件夹。

7）SIZE：指定数据文件或事务日志文件的初始容量，可以是 KB、MB、GB 或 TB，默认单位为 MB，其值是一个整数值。如果主文件的容量未指定，则系统取 Model 数据库的主文件容量；如果是其他文件的容量未指定，则系统自动取 1MB 的容量。

8）MAXSIZE：指定数据文件或事务日志文件的最大容量，可以是 KB、MB、GB 或 TB，默认单位为 MB。如果省略 MAXSIZE，或指定为 UNLIMITED，则数据文件或事务日志文件的容量可不断增加，直到整个磁盘充满为止。

9）FILEGROWTH：指定数据文件或事务日志文件的增长幅度，可以是 KB、MB、GB、TB 或百分比（%），默认单位为 MB。当 FILEGROWTH=0 时，表示不让文件增长。增幅既可以使用具体的容量表示，也可以使用文件大小的百分比表示。通常情况下，系统默认为按 64MB 或文件大小的 10%增长。任何小于 64KB 的增幅都近似为 64KB。

任务 3.2.3　创建不带任何参数的数据库

【例 3-2】　创建一个不带任何参数的数据库 DB1。

其操作步骤如下。

1）在 SSMS 的查询窗口中，输入以下语句。

```
CREATE DATABASE DB1
```

2）单击工具栏上的 ▷ 执行(X) 按钮（或按〈F5〉键）。

由该命令创建的数据库 DB1，其主数据文件名为 db1.mdf 和日志文件名为 db1_log.ldf，都使用了默认值：初始容量为 8MB、最大容量为不限制、增幅为 64MB，且数据库文件放在"数据库默认位置"里。

任务 3.2.4　创建指定存储位置的数据库

【例 3-3】　创建数据库 DB2，将其数据库文件存储在 D:\TEST 的位置，主数据文件的初始

容量为 20M，最大容量无限制，文件增量为 20%；日志文件采用默认值。

其操作步骤如下。

1）在 D 盘根目录里创建一个名称为"TEST"的文件夹。

2）在 SSMS 的查询窗口中，输入以下语句。

```
CREATE  DATABASE  DB2
ON
   ( NAME =DB2,  FILENAME = 'D:\TEST\DB2.MDF',        --参数之间用半角逗号分隔，
    SIZE =20, MAXSIZE = UNLIMITED, FILEGROWTH = 20% )    最末一个参数后不能有逗号
LOG  ON
   ( NAME = DB2_LOG , FILENAME = 'D:\TEST\DB2.LDF' )
```

3．单击工具栏上的 ▶ 执行(X) 按钮（或按〈F5〉键）。

任务 3.2.5 创建包含多个数据文件和日志文件的数据库

【例 3-4】 创建数据库 DB3，将其数据库文件存储在 D:\TEST 的位置，该库中包含 3 个数据文件和 2 个日志文件，逻辑名和物理名自定义，初始大小、最大容量、增幅均采用默认值。

其操作步骤如下。

1）在 D 盘根目录里创建一个名称为"TEST"的文件夹。

2）在 SSMS 的查询窗口中，输入以下语句。

```
CREATE  DATABASE  DB3
ON
   ( NAME = DB3_1, FILENAME = 'D:\TEST\DB3_1.MDF') ,     --此处右括号后有逗号，
   ( NAME = DB3_2, FILENAME = 'D:\TEST\DB3_2.NDF' ) ,      表示继续创建数据文件
   ( NAME = DB3_3, FILENAME = 'D:\TEST\DB3_3.NDF')     --此处右括号后无逗号，
LOG  ON                                                  表示结束创建数据文件
   ( NAME = DB3_LOG1,
    FILENAME = 'D:\TEST\DB3_LOG1.LDF' ) ,           --此处右括号后有逗号，
   ( NAME = DB3_LOG2,                                   表示继续创建日志文件
    FILENAME = 'D:\TEST\DB3_LOG2.LDF')            --此处右括号后无逗号，
                                                        表示结束创建日志文件
```

3）单击工具栏上的 ▶ 执行(X) 按钮（或按〈F5〉键）。

任务 3.2.6 创建包含多文件组的数据库

【例 3-5】 创建数据库 DB4，将其数据库文件存储在 D:\TEST 的位置，该库的主文件组中包含 1 个数据文件，USER1 和 USER2 文件组中各包含 1 个数据文件，逻辑名和物理名自定义，初始大小、最大容量、增幅均采用默认值。

其操作步骤如下。

1）在 D 盘根目录里创建一个名称为"TEST"的文件夹。

2）在 SSMS 的查询窗口中，输入以下语句。

```
CREATE  DATABASE  DB4
ON
  ( NAME = DB4_1, FILENAME = 'D:\TEST \DB4_1.MDF')
FILEGROUP  USER1                                    --创建第 USER1 文件组，
  ( NAME = DB4_2, FILENAME = ' D:\TEST\DB4_2.NDF')      其后文件保存在该组中
FILEGROUP  USER2                                    --创建第 USER2 文件组，
  ( NAME = DB4_3, FILENAME = ' D:\TEST\DB4_3.NDF')      其后文件保存在该组中
```

3）单击工具栏上的 ▶ 执行(X) 按钮（或按〈F5〉键）执行。

项目3.3 修改数据库

创建数据库后，可以对它原来的定义进行修改。修改的主要内容包括以下几点。

- ✪ 扩充数据库的数据或事务日志空间。
- ✪ 收缩数据库的数据或事务日志空间。
- ✪ 增加或减少数据文件和事务日志文件。
- ✪ 更改数据库的配置设置。
- ✪ 更改数据库的名称。

可以在 SSMS 中修改数据库，也可以使用 T-SQL 语句来修改数据库。

任务 3.3.1 使用对象资源管理器修改数据库

【例 3-6】 修改数据库 DB，在数据库 DB 中增加一个文件组 USER2。

其操作步骤如下。

1）在"对象资源管理器"窗口中展开服务器，定位到要修改的数据库 DB。

2）右击 DB 数据库，在弹出的快捷菜单中选择"属性"命令，出现如图 3-6 所示的窗口。

图 3-6 "数据库属性"窗口

3）在该窗口的"常规"选项卡中，可查看该数据库的基本信息。

4）切换到"文件"选项卡，会出现如图 3-7 所示的窗口。

5）在该窗口中，可修改数据库文件的属性。其中，单击"添加"按钮可以增加数据文件和日志文件，单击"删除"按钮可删除数据文件。

6）切换到"文件组"选项卡，单击"添加文件组"按钮，在新增行的名称框中输入"USER2"，如图 3-8 所示，单击"确定"按钮即可增加一个次文件组。

7）在图 3-8 所示的窗口中，还可指定默认文件组、修改现有文件组和删除文件组。

图 3-7　"文件"选项卡　　　　　　　　　　图 3-8　"文件组"选项卡对话框

在修改数据库时，必须注意以下几点。

1）如果是修改数据库文件属性，不能对文件类型、所属文件组和路径进行修改。

2）主数据文件是不能删除的，日志文件也必须保留一个。

3）如果是新建的文件组，不能设为默认文件组，因为它没有包含任何文件。

4）PRIMARY 文件组不能设为只读，也不能进行删除操作。

5）不能对默认文件组进行删除操作，如果要删除，必须先将其他文件组设为默认文件组。

6）不能对非空的文件组进行删除操作，如果要删除，必须先删除文件组内的所有数据文件，保证该文件组为空。

任务 3.3.2　认识 ALTER DATABASE 语句

在 SQL Server 中，ALTER DATABASE 命令的语法如下。

```
ALTER    DATABASE 数据库名                      --指定要修改的数据库名
{  ADD  FILE  <数据文件描述符>  [ , … n ]      --增加数据文件
[TO  FILEGROUP 文件组名 | DEFAULT]             --将数据文件添加到指定的文件组
|  ADD  LOG  FILE  <日志文件描述符>  [ , … n ]  --增加事务日志文件
|  REMOVE  FILE  逻辑文件名                     --删除文件
|  MODIFY  FILE  <数据文件描述符>              --修改逻辑名、物理名、大小、自动增量
|  ADD  FILEGROUP  文件组名                    --增加文件组
|  REMOVE  FILEGROUP  文件组名                 --删除文件组
|  MODIFY  FILEGROUP  文件组名                 --修改文件组的名称
{  NAME = 新文件组名                           --将文件组设置为数据库的默认文件组
|  DEFAULT
|  <文件组属性>   }                            --修改文件组的属性
|  MODIFY  NAME = 新数据库名                   --修改数据库的名称
}
```

其中，<数据文件描述符> 和 <日志文件描述符> 为以下属性的组合。

```
(  NAME =  逻辑文件名 ,
[ , NEWNAME = 新逻辑文件名]
[ , FILENAME =  '物理文件名' ]
[ , SIZE =  文件初始容量 ]
[ , MAXSIZE = { 文件最大容量 | UNLIMITED } ]
[ , FILEGROWTH =  文件增长幅度 ]
)
```

<文件组属性>可取值 READ（只读）、READWRITE（读写）和 DEFAULT（默认）。

任务 3.3.3　修改数据库的名称

【例 3-7】　将数据库 DB1 的数据库名称改为"DB5"。

其操作步骤如下。

1）可在 SSMS 的查询窗口中，输入以下语句。

```
ALTER  DATABASE  DB1   MODIFY  NAME = DB5
```

2）单击工具栏上的 ▶ 执行(X) 按钮（或按〈F5〉键）。

任务 3.3.4　增加数据文件、事务日志文件

【例 3-8】　在数据库 DB5 中增加一个数据文件和一个事务日志文件。

其操作步骤如下。

1）可在 SSMS 的查询窗口中，输入以下语句。

```
ALTER  DATABASE  DB5
    ADD  FILE  ( NAME = DB5_1 , FILENAME ='D:\TEST\DB5_1.NDF' )
ALTER  DATABASE  DB5
    ADD  LOG  FILE ( NAME = DB5_LOG1 , FILENAME = 'D:\TEST\DB5_LOG1.LDF' )
```

2）单击工具栏上的 ▶ 执行(X) 按钮（或按〈F5〉键）。

 注意：在增加数据文件时，如果不指定 TO FILEGROUP 文件组名，那么所增加的文件属于主文件组。

任务 3.3.5　增加文件组

【例 3-9】　在数据库 DB5 中增加一个名为"FDB5"的文件组。

其操作步骤如下。

1）在 SSMS 的查询窗口中，输入以下语句。

```
ALTER  DATABASE  DB5  ADD  FILEGROUP  FDB5
```

2）单击工具栏上的 ▶ 执行(X) 按钮（或按〈F5〉键）。

任务 3.3.6　修改文件组的名称

【例 3-10】　将数据库 DB5 中的 FDB5 文件组的名称改为 "G5"。

其操作步骤如下。

1）在 SSMS 的查询窗口中，输入以下语句。

```
ALTER DATABASE DB5 MODIFY FILEGROUP FDB5 NAME = G5
```

2）单击工具栏上的 ▶执行(X) 按钮（或按〈F5〉键）。

任务 3.3.7　增加数据文件到文件组

【例 3-11】　在数据库 DB5 中增加两个数据文件到文件组 "G5" 中，并将该文件组设为默认文件组。

其操作步骤如下。

1）在 SSMS 的查询窗口中，输入以下语句。

```
ALTER DATABASE DB5
   ADD FILE ( NAME= DB5_2 ,  FILENAME='D:\TEST \DB5_2.NDF' ) ,
            ( NAME= DB5_3 ,  FILENAME= 'D:\TEST \DB5_3.NDF' )
         TO FILEGROUP G5
    GO
ALTER DATABASE DB5
MODIFY FILEGROUP  G5 DEFAULT
```

2）单击工具栏上的 ▶执行(X) 按钮（或按〈F5〉键）。

任务 3.3.8　修改数据库文件的名称

【例 3-12】　将数据库 DB5 中增加的 "DB5_3" 数据库文件名称改为 "DDD"。

其操作步骤如下。

1）在 SSMS 的查询窗口中，输入以下语句。

```
ALTER DATABASE DB5
  MODIFY FILE (NAME=DB5_3, NEWNAME=DDD, FILENAME='D:\TEST\DDD.NDF')
```

2）单击工具栏上的 ▶执行(X) 按钮（或按〈F5〉键）。

任务 3.3.9　删除数据文件和事务日志文件

【例 3-13】　将数据库 DB5 的文件组 "G5" 中的数据文件 "DB5_2" 删除，并将对应的事务日志文件 "DB5_LOG1" 删除。

其操作步骤如下。

1）在 SSMS 的查询窗口中，输入以下语句。

```
ALTER DATABASE  DB5  REMOVE  FILE  DB5_2
ALTER DATABASE  DB5  REMOVE  FILE  DB5_LOG1
```

2）单击工具栏上的 ▶执行(X) 按钮（或按〈F5〉键）。

任务 3.3.10　删除文件组

【例 3-14】　将数据库 DB5 中的文件组"G5"删除。

其操作步骤如下。

1）在 SSMS 的查询窗口中，输入以下语句。

```
ALTER  DATABASE  DB5                       --因 G5 是默认文件组，所以，先将
  MODIFY  FILEGROUP  [PRIMARY] DEFAULT       PRIMARY 文件组设为默认文件组
GO
ALTER  DATABASE  DB5  REMOVE  FILE  DDD     --删除 G5 文件组中的"DDD"数据文件
GO
ALTER  DATABASE  DB5  REMOVE  FILEGROUP  G5  --删除空文件组"G5"
```

2）单击工具栏上的 ▶ 执行(X) 按钮（或按〈F5〉键）。

 注意：在删除文件组时，要先删除文件组中的数据文件，保证该文件组为空，否则，无法删除非空的文件组。

项目 3.4　删除数据库

当数据库不再使用时，就可将其从 SQL Server 服务器上删除。数据库的删除是指彻底地将相应的数据库文件从物理磁盘中删除，是永久性、不可恢复的。所以，用户应当小心使用删除操作。

任务 3.4.1　使用对象资源管理器删除数据库

【例 3-17】　删除数据库 DB2。

其操作步骤如下。

1）在"对象资源管理器"窗口中展开服务器，定位到要删除的"DB2"数据库。

2）右击"DB2"数据库，在弹出的快捷菜单中选择"删除"命令，会出现如图 3-9 所示的对话框。

3）单击"确定"按钮即可完成删除操作。

如果在如图 3-9 所示的"删除对象"对话框的下方勾选了"删除数据库备份和还原历史记录信息"选项，则在删除数据库的同时，也将从"Msdb"数据库中删除该数据库的备份和还原历史记录。

如果勾选了"关闭现有连接"选项，在删除数据库前，SQL Server 会自动将所有与该数据相连的连接全部关闭后，再删除数据库。如果没有勾选该项，而且有其他活动连接，在删除数据库时，将会出现如图 3-10 所示的错误信息。

任务 3.4.2　认识 DROP DATABASE 语句

在 SQL Server 中，DROP DATABASE 命令的语法如下。

```
DROP  DATABASE  数据库名 [, … n]
```

图 3-9　"删除对象"对话框　　　　　　　　图 3-10　删除数据库时的出错信息

任务 3.4.3　删除数据库

【例 3-16】　将数据库 DB3、DB4、DB5 删除。

其操作步骤如下。

1）在 SSMS 的查询窗口中，输入以下语句。

```
DROP DATABASE DB3,DB4,DB5
```

2）单击工具栏上的 ▶ 执行(X) 按钮（或按〈F5〉键）。

项目 3.5　查看数据库信息

任务 3.5.1　使用对象资源管理器查看数据库信息

【例 3-17】　查看数据库 DB 的基本信息。

其操作步骤如下。

1）在"对象资源管理器"窗口中展开服务器，定位到要查看的"DB"数据库。

2）右击"DB"数据库，在弹出的快捷菜单中选择"属性"命令，会出现如图 3-6 所示的"数据库属性"窗口。

3）在该窗口的"常规"选项卡里，可看到该数据库的基本信息，如数据库备份信息，数据库的名称、状态、所有者，创建数据库的时间、大小、所有数据文件和日志文件剩余的可用空间大小、连接到数据库的用户数等信息。

4）单击"确定"按钮，关闭对话框。

任务 3.5.2　认识 sp_helpdb 语句

在 SQL Server 中，可使用 sp_helpdb 语句查看数据库信息，其语法如下。

```
[EXEC] sp_helpdb [[ @dbname= ] 'name' ]
```

其中，［ @dbname= ］'name' 用于指定要查看其信息的数据库名称。如果未指定 name，则显示 SQL Server 服务器上所有数据库的信息。

任务 3.5.3　查看指定的数据库信息

【例 3-18】　在查询窗口中，输入"sp_helpdb db"语句并执行，其结果如图 3-11 所示。

图 3-11　查看指定数据库的信息

任务 3.5.4　查看所有的数据库信息

【例 3-19】　在查询窗口中，输入"sp_helpdb"语句并执行，其结果如图 3-12 所示。

图 3-12　查看服务器上所有数据库的信息

项目 3.6　分离与附加数据库

在一台计算机上设计完成数据库后，如果要在另一台计算机上使用，可使用分离与附加数据库的办法，先从这台计算机上将数据库分离出来，然后再附加到另一台计算机上。如果 SQL Server 中的一个数据库暂时不用，也可以将它先分离出来，以减少 SQL Server 的负担，等到要用时，再附加上去。下面只介绍使用 SQL Server Management Studio 分离与附加数据库的方法。

任务 3.6.1　使用对象管理器分离数据库

【例 3-20】　将数据库 DB 从服务器上分离出来。

其操作步骤如下。

1）在"对象资源管理器"中展开服务器，定位到"DB"数据库。

2）右击"DB"数据库，在弹出的快捷菜单中选择"任务"→"分离"命令，会出现如图 3-13 所示的"分离数据库"窗口。

图 3-13　"分离数据库"窗口

3）在该窗口中，如果"状态"列显示"就绪"，则表示可以正常分离，单击"确定"按钮即可完成分离操作。

4）刷新"数据库"节点，会发现"DB"数据库已经不在该窗口里，说明分离成功。

 注意：如果有用户与数据库连接，在"状态"列显示"未就绪"，此时分离数据库会操作失败，在单击"确定"按钮后会出现分离失败的对话框。如果要顺利分离数据库，需要勾选"删除连接"列。

任务 3.6.2　使用对象管理器附加数据库

【例 3-21】　将数据库 DB 重新附加到服务器上。

其操作步骤如下。

1）在"对象资源管理器"中展开服务器，定位到"数据库"节点。

2）右击"数据库"节点，在弹出的快捷菜单里选择"附加"命令，在出现的"附加数据库"窗口中单击"添加"按钮，会出现如图 3-14 所示的窗口。

3）在该窗口中，默认只显示了数据库的主数据文件，即"DB.mdf"文件，选择它后，单击"确定"按钮后，会返回到"附加数据库"窗口，如图 3-15 所示，此时可看到数据库文件已添加进去了。

图 3-14　"定位数据库文件"窗口

图 3-15　添加了数据文件的"附加数据库"窗口

4）单击"确定"按钮即可完成附加操作。

注意：由于在数据库的主数据文件中存放了其他文件的相关信息，所以在附加数据库时，只要指定了主数据文件，其他文件的位置也就知道了。但是，如果在数据库分离后，移动了其他文件，就会出现"找不到"的提示，这时需要用户手动查找文件。

【课后练习】

一、填空题

1. SQL Server 的系统数据库有_____、_____、_____、_____、_____。
2. 数据库文件分成三类：_____、_____、_____。
3. 事务日志文件的作用是：_____。
4. 创建、修改、删除数据库的命令分别是_____、_____、_____。
5. 查看 XSCJ 数据库信息的存储过程命令是_____。
6. 删除文件组前必须保证该文件组_____，若该文件组中有文件，则应先_____。
7. 在增加数据文件时，如果用户未指明文件组，则系统将该数据文件增加到_____文件组。
8. 找回被删除表的唯一方法是事先做好数据库的_____工作。

二、选择题

1. 当数据库损坏时，数据库管理员可通过以下哪种方式恢复数据库？（　　）
   A. 事务日志文件　　　　　　　　　　B. 主数据文件
   C. DELETE 语句　　　　　　　　　　D. 联机帮助文件
2. 下面关于 tempdb 数据库描述不正确的是（　　）。
   A. 是一个临时数据库
   B. 属于全局资源
   C. 没有权限限制
   D. 是用户建立新数据库的模板
3. SQL Server 2019 的物理存储主要包括 3 类文件（　　）。
   A. 主数据文件、次数据文件、事务日志文件
   B. 主数据文件、次数据文件、文本文件
   C. 表文件、索引文件、存储过程
   D. 表文件、索引文件、图表文件
4. 数据库中的数据在哪种情况下可以被删除？（　　）
   A. 当有用户使用此数据库时
   B. 当数据库正在恢复时
   C. 当数据库正在参与复制时
   D. 当数据库被设置为只读时
5. 用来显示数据库信息的系统存储过程是（　　）。
   A. sp_dbhelp　　　　　B. sp_db　　　　　C. sp_help　　　　　D. sp_helpdb

6. 在修改数据库时不能完成的操作是（　　）。

   A. 添加或删除数据和事务日志文件　　　　B. 更改数据库名称

   C. 更改数据库的所有者　　　　　　　　　D. 更改数据库的物理路径

7. 在创建数据库时，用来指定数据库文件物理存放位置的参数是（　　）。

   A. FILEGROWTH　　　B. FILENAME　　　C. NAME　　　D. FILE

三、判断题

1. 创建数据库时，FILEGROWTH 参数是用来设置数据库的最大容量的。　　　　（　　）

2. 创建数据库时，不需要指定逻辑名和物理名。　　　　（　　）

3. 当数据文件没有指定文件组时，默认都在主文件组中。　　　　（　　）

4. 事务日志文件不属于任何文件组。　　　　（　　）

5. 用户可以创建若干个主文件组。　　　　（　　）

6. 在数据库中可以没有事务日志文件，也可以没有次数据文件。　　　　（　　）

7. 修改数据库文件时，可以对文件类型、所属文件组和路径进行修改。　　　　（　　）

8. 除了不能删除默认文件组外，可以删除任何文件组。　　　　（　　）

9. 主数据文件不能被删除，且日志文件也必须保留一个。　　　　（　　）

【课外实践】

实践任务 1　使用命令方式创建 XSCJ 数据库

使用命令方式创建符合表 3-2 要求的 XSCJ 数据库。

表 3-2　创建 XSCJ 数据库的要求

	逻辑名称	物理名称	初始大小	最大大小	增量
主文件组	XSCJ_1	D:\SQL\XSCJ_1.MDF	50MB	不受限制	20%
U1 文件组	XSCJ_2	D:\SQL\XSCJ_2.NDF	20MB	500MB	64MB
日志文件	XSCJ_LOG	D:\SQL\XSCJ_LOG.LDF	50MB	不受限制	10%

实践任务 2　使用命令方式修改 XSCJ 数据库

要求：

1）将 XSCJ 数据库中的文件组 U1 更名为 USER1。

2）将 XSCJ 数据库中次数据文件的初始大小改为 50MB，最大容量不受限制。

3）将 XSCJ 数据库中的次数据文件逻辑名修改为 DATA。

4）将数据库 XSCJ 的数据库名改为 XSCJK。

实践任务 3　将 XSCJ 数据库从服务器上分离

模块 4　创建和管理数据表

【项目内容】

- 📖 认识 SQL Server 数据表
- 📚 创建数据表和表约束
- 📝 修改数据表和表约束
- 💻 管理表中的数据
- 🖨 删除数据表
- 📚 查看表信息
- 📖 创建数据库关系图

【导航引领】

用系统思维方式学习如何在数据库中创建、修改或删除表；如何在表中设置表约束以实现数据完整性；如何对表中数据进行管理；树立数据安全法律法规意识，为后续查询数据打好基础。

【知识目标】

- 了解 SQL Server 的数据类型
- 理解列属性、表约束和空值的含义
- 掌握表约束的类型
- 掌握数据表的设计方法

【能力目标】

- 会创建数据表和设置表约束
- 会修改数据表和管理表约束
- 会管理表中的数据
- 会删除、重命名数据表
- 会创建数据库关系图

项目 4.1　认识 SQL Server 数据表

SQL Server 中的数据库由表的集合组成，这些表用于存储一组特定的结构化数据，表中包含行（也称为记录或元组）和列（也称为属性）的集合。表中的每一列都用于存储某种类型的信息，例如：姓名、性别、出生日期等。

在创建数据表前，最重要的工作就是要设计表的结构（即设计列），包括列名、列的数据类型、列的属性等。

6
认识 SQL Server 数据表

任务 4.1.1　了解 SQL Server 数据类型

在 SQL Server 中使用的数据类型有两大类：一是系统数据类型，即由系统定义，提供给用户使用的数据类型；二是用户自定义类型，即用户根据需要自定义的数据类型。

1. 系统数据类型

在 SQL Server 中，为列选择合适的数据类型尤为重要，因为它影响着系统的空间利用、性能、可靠性和是否易于管理等特性。因此，在开发一个数据库系统之前，最好能够真正理解各种数据类型的存储特征。

在表中创建列或声明一个局部变量时，都必须为它选择一种数据类型，选择数据类型后，就确定了如下特性。

✪ 在列中可以存储何种数据（数字、字符串、二进制串、位值或日期值）。

✪ 对于数值或日期数据类型，确定了允许在列中使用值的范围。

✪ 对于字符串和十六进制数据类型，确定了允许在列中存储的最大数据长度。

表 4-1 列出了 SQL Server 2019 支持的主要系统数据类型。

表 4-1　SQL Server 2019 的系统数据类型

数据类型	定义标识	存储长度
整数型	bigint int smalint tinyint	占 8 字节，取值范围为 $-2^{63}\sim2^{63}-1$； 占 4 字节，取值范围为 $-2^{31}\sim2^{31}-1$； 占 2 字节，取值范围为 2^{15}（$-32,768$）$\sim2^{15}-1$（32 767）； 占 1 字节，取值范围为 0～255
精确小数型	decimal(p[,s]) numeric(p[,s])	固定精度和小数位数，最大存储大小随精度而变化。P（精度）必须是从 1 到最大精度 38 之间的值。使用最大精度时，有效值的范围 $-10^{38}+1\sim10^{38}-1$
近似小数型	float(n)	存储长度可变，取值范围为 $-1.79E+308\sim-2.23E-308$、0、$2.23E-308\sim1.79E+308$
	real(n)	占 4 字节，$-3.40E+38\sim-1.18E-38$、0 及 $1.18E-38\sim3.40E+38$
货币型	money smallmoney	占 8 字节，取值范围为 $-2^{63}\sim2^{63}-1$，精确到 4 个小数位 占 4 字节，取值范围为 $-2^{31}\sim2^{31}-1$（2 147 483 648～2 147 483 647）
位类型	bit	占 1 字节，存放逻辑值，只能存取 0、1、NULL
字符型	char(n) varchar(n) text	存放固定长度的字符数据，n 的取值范围为 1～8000 存放可变长度的字符数据，n 的取值范围为 1～8000 存放最大长度为 $2^{31}-1$ 的字符数据
Unicode 宽字符型	nchar(n) ncarchar(n) ntext	存放固定长度的字符数据，n 的取值范围为 1～4000 存放可变长度的字符数据，n 的取值范围为 1～4000 存放最大长度为 $2^{30}-1$ 的字符数据
日期类型	date	占 3 字节，日期范围为 0001-1-1～9999-12-31
时间类型	time	占 5 字节，时间范围为 00:00:00.0000000～23:59:59.9999999
日期时间类型	datetime	占 8 字节，日期范围为从 1753 年 1 月 1 日～9999 年 12 月 31 日，时间范围为 00:00:00 到 23:59:59.997，精确到.000、.003 或 .007s（秒）三个增量
	datetime2	占 6～8 字节，支持更大的日期范围和更高的时间精度，精确到 100ns（纳秒）。日期范围为从 0001 年 1 月 1 日～9999 年 12 月 31 日，时间范围为 00:00:00 到 23:59:59.9999999
	smalldatetime	占 4 字节，日期范围为 1900 年 1 月 1 日～2079 年 6 月 6 日，时间范围为 00:00:00 到 23:59:59，精确到 min（分钟）
	datetimeoffset	占 10 字节，类似 datetime2，时间在内部存储为 UTC 时间（可识别时区）
时间戳型	timestamp	占 8 字节，给定数据库的唯一特定值
二进制型	binary(n) varbinary (n)	存放固定长度二进制数据，n 的取值范围为 1～8000 存放变长二进制数据，n 的取值范围为 1～8000
图像类型	image	存放最大长度为 $2^{31}-1$ 的二进制数据
特殊类型	uniqueidentifier	占 16 字节，特殊的全局唯一标识符（GUID），是由 SQL Server 根据计算机网络适配器地址和 CPU 时钟产生
	table	用于存储结果集，通常作为用户自定义函数结果输出或作为存储过程的参数。在表的定义中不作为可用的数据类型
	hierarchyid	维护层次结构位置信息的特殊数据类型
	sql_variant	用于存储其他数据类型的值（不包括 text、ntext、image、timestamp 和 Sql_variant）。当列或函数需要处理多种数据类型时可使用这种数据类型
	XML	用于保存整个 XML 文档，用于针对 XML 模式的数据验证和使用特殊的面向 XML 的函数
	CLR	随 CLR 对象的特性而变，CLR 对象支持基于自定义数据类型的 CLR
	cursor	占 1 字节，指向游标的指针

2．自定义数据类型

在 SQL Server 中，除了使用系统数据类型外，还允许用户根据需要自己定义数据类型，并且可以用自定义数据类型来声明变量或字段。但自定义数据类型只允许用户通过已有的数据类型来派生，而不是定义一个具有新的存储及检索特性的类型。例如在一个数据库中，有许多数据表都需要用到 vchar（100）的数据类型，那么用户就可以自己定义一个数据类型，比如 vc100 来代表 vchar（100），之后，在所有数据表里需要用到 vchar（100）的列时，都可以将其设为 vc100。

任务 4.1.2　理解列的属性

在创建数据表时，不仅要确定表的名称、表中每个列的名称和数据类型，还要确定每个列的属性，包括是否允许空属性、默认值属性、标识属性等。

1．允许空属性

允许空属性用来声明该列是不是必填的列。其值为 NULL，表示该列可以为空；其值为NOT NULL，表示该列不能为空，必须填入内容。注意：NULL 表示数值未知，没有内容，它既不是零长度的字符串，也不是数字 0，只意味着没有输入。它与空字符串不一样，空字符串是一个字符串，只是里面内容是空的。在 SQL Server 2019 中，列的默认情况为"允许空值"。

如果某列不允许空值，用户在向表中插入数据时，必须在该列中输入一个值，否则该记录不能被数据库接收，会弹出类似如图 4-1 所示的错误提示框。

图 4-1　违反"不允许空属性"的提示框

2．设置默认值属性

在 SQL Server 2019 中，可以给列设置默认值。如果某列已设置了默认值，当用户在数据表中插入记录时，没有给该列输入数据，那么系统会自动将默认值填入该列。

3．设置标识属性

在 SQL Server 2019 中，可以将列设置为标识属性。如果某列已设置为标识属性，那么系统会自动地为该列生成一系列数字。这些数字在该表中能唯一地标识一行记录。设置了标识属性的列称为标识列。列的标识属性由两部分组成：一个是初始值，另一个是增量。初始值用于数据表标识列的第一行数据，以后每行的值依次为初始值加上增量。

　注意： 不是任何列都可以设置为标识列，这取决于该列的数据类型。只有数据类型为bigint、int、smallint、tinyint、decimal、numeric 的列，才可以设置为标识列。指定为标识列后，不能再指定允许空（NULL）属性，系统自动指定为 NOT NULL。

任务 4.1.3　认识表约束

为减少输入错误、防止出现非法数据，可以在数据表的列字段上设置约束。例如：在 XSB

表的"学号"列上设置了主键约束，这样就可以保证该列中不会出现空值和重复的数据。表约束是为了保证数据库中数据的一致性和完整性而实现的一套标准机制。

1. 表约束的类型

在 SQL Server 中，表约束包括四种：主键约束、唯一性约束、外键约束和检查约束。

（1）主键约束。

主键是能够唯一标识数据表中每一行的列或列的组合。所以，定义为主键的列或列的组合既不能为空值，也不能为重复的值。应该注意的是当主键是由多个列组成时，某一列上的数据可以重复，但其组合仍是唯一的。主键约束实现了实体完整性规则。

在一个数据表上只能定义一个主键，且系统会自动为主键列创建索引，在默认情况下创建为聚集索引（clustered）。

（2）唯一性约束。

唯一性约束用于保证列中不会出现重复的数据。在一个数据表上可以定义多个唯一性约束，定义了唯一性约束的列可以取空值。唯一性约束实现了实体完整性规则。

如果数据表的某列定义了唯一性约束，则系统会自动为该列创建索引，在默认情况下创建为非聚集索引（nonclustered）。

唯一性约束与主键约束的区别有两点：一是在一个表中可以定义多个唯一约束，但只能定义一个主键。二是定义了唯一约束的列可以输入空值（NULL），而定义了主键约束的列则不能。

（3）外键约束。

外键约束用于建立和强制两个表之间关联的一个列或多个列。即将数据表中的某列或列的组合定义为外键，且指定该外键要关联到哪一个表的主键字段上。

定义为主键的表称为主表，定义为外键的表称为从表（也称为相关表或明细表）。设置了外键约束后，当主表中的数据更新时，从表中的数据也会自动更新。外键约束实现了参照完整性规则。

（4）检查约束。

检查约束通过限制列上可以输入的数据值来实现域完整性规则。检查约束的实质就是在列上设置逻辑表达式，以此来判断输入数据的合法性。

2. 创建表约束的方法

创建表约束的方法主要有三种：一是在新建表时，在单个列定义之后，紧接着定义约束；二是在新建表时，在所有列定义完之后，再定义约束；三是在已经创建好的表上定义约束，通过修改该表的方式添加约束。

7
创建数据表和表约束

通常把非空和默认值也看成约束。非空约束只能在单列定义之后定义；默认值只能在单列定义之后定义和通过修改表的方式添加。

项目 4.2　创建数据表和表约束

创建数据表一般分两个步骤进行：一是设计和定义表的结构；二是向表中添加数据。本项目中的任务是进行表结构的设计、定义和创建表。

任务 4.2.1　设计和定义表的结构

在 XSCJ 数据库中，分别设计学生情况表 XSB、课程表 KCB、学生成绩表 CJB 三张表。根据需求分析，设计它们的表结构、各列的属性和表约束如表 4-2～表 4-4 所示。

表 4-2　学生情况表 XSB 的结构描述

列名	数据类型	长度	属性			约束
			是否允许为空值	默认值	标识列	
序号	int	4			初值、增量均为 1	
学号	char	10	×	无		主键
姓名	varchar	10	×	无		
性别	bit	1	×	1		
民族	char	10	√	无		
出生日期	date	3	×	无		
籍贯	char	20	√	无		
所属院系	varchar	20	×	无		
专业名称	varchar	20	×	无		
总学分	tinyint	1	√	无		0～200
备注	varchar	50	√	无		

表 4-3　课程表 KCB 的结构描述

列名	数据类型	长度	属性			约束
			是否允许为空值	默认值	标识列	
课程号	char	4	×	无		主键
课程名	varchar	40	×	无		
授课教师	varchar	10	√	无		
开课学期	tinyint	1	×	1		只能为 1～6
学时	tinyint	1	×	无		
学分	tinyint	1	√	无		

表 4-4　成绩表 CJB 的结构

列名	数据类型	长度	属性		约束
			是否允许为空值	默认值	
学号	char	10	×	无	外键，参照 XSB 表
课程号	char	4	×	无	外键，参照 KCB 表
成绩	tinyint	1	√	无	组合为主键
学分	tinyint	1	√	无	不超过 10

任务 4.2.2　使用对象资源管理器创建数据表

【例 4-1】　创建 XSB 数据表。

其操作步骤如下。

1）在"对象资源管理器"窗口中展开要创建的"XSCJ"数据库，定位到"表"节点。

2）右击"表"节点，在弹出的快捷菜单中选择"新建表"→"表"命令，出现如图 4-2 所示的窗口。"表设计器"窗口主要分为上、下两部分。上部分用来定义数据表的列，包括列名、数据类型、长度、允许空属性。下部分用来设置列的其他属性，如默认值、标识列等属性。

图 4-2 　"表设计器"窗口

3）用户可用鼠标或〈Tab〉键或方向键在各单元格间移动和选择，完成"列名""数据类型""长度""允许 Null 值"栏中相关数据的输入。

4）设置主键约束。选中"学号"列，单击工具栏上的"设置主键/取消主键"按钮🔑，可将该列设置为主键。

5）设置标识列。在"表设计器"窗口选中"序号"列，然后在"列属性"对话框里展开"标识规范"项，将"（是标识）"设为"是"，"标识增量"设为 1，"标识种子"也设为 1，如图 4-3 所示。

图 4-3 　设置标识列

6）设置默认值约束。在"表设计器"窗口选中"性别"列，然后在"列属性"对话框里展开"常规"项，在"默认值或绑定"文本框里输入 1，如图 4-4 所示。

图 4-4 　设置默认值

7）选择"文件"→"保存"菜单命令，或直接单击"保存"快捷按钮，在出现的"选择名称"对话框中输入要保存的数据表名称"XSB"。

8）单击"确定"按钮即可完成数据表创建。

 注意：有些数据类型的长度是固定的，不能修改，如 bit 数据类型的长度固定为 1，datetime 数据类型的长度固定为 8 等。

任务 4.2.3　使用对象资源管理器添加表约束

在对象资源管理器中创建约束可以采取两种方法：一是可以在创建数据表时添加约束，例如：在任务 2 中添加的主键约束；二是可以在建好数据表后添加约束。

【例 4-2】　在已创建的 XSB 表的"总学分"列上添加检查约束。

其操作步骤如下。

1）承接上一任务。在"对象资源管理器"窗口中依次展开"XSCJ"数据库的"XSB"表，定位到"约束"节点。

2）右击"约束"节点，在弹出的快捷菜单中选择"新建约束"命令，出现如图 4-5 所示的对话框，同时会打开"表设计器"窗口。

3）单击"表达式"右边的 ⃞ 按钮，出现如图 4-6 所示的对话框，在该对话框中输入"总学分>=0 AND 总学分<=200"，单击"确定"按钮，返回到图 4-5 所示的界面。

图 4-5　"CHECK 约束"对话框　　　　　图 4-6　输入检查约束表达式

4）单击"说明"右边的 ⃞ 按钮，出现如图 4-7 所示的对话框，在该对话框中可以输入对该检查约束的说明信息，单击"确定"按钮，返回如图 4-8 所示的对话框。

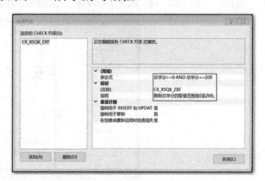

图 4-7　输入检查约束的说明信息　　　　图 4-8　检查约束设置完成后的对话框

5）将检查约束的标识名称修改为"CK_XSB_ZXF"后，单击"关闭"按钮，返回到"表设计器"窗口。

任务 4.2.4　认识 CREATE TABLE 语句

CREATE TABLE 命令的完整语法很复杂，下面来认识其基本的语法。

```
CREATE  TABLE [ [ 数据库名 . ] 表所有者 . ] 表名       --设置表名
(    {    <列定义>                              --定义列属性
         [ <列约束> ]    }                       --设置列约束
         [ , … n ]                              --定义其他列属性和列约束
)
[ ON { 文件组名 | DEFAULT } ]                      --指定存放表数据的文件组
```

其中，<列定义> 的语法如下。

```
{ 列名   数据类型 [（长度）] }                        --设置列名和数据类型
[ [ DEFAULT   常量表达式 ]                         --设置默认值
| [ IDENTITY [（初值，增量）] ]                      --定义标识列
]
{ 列名   AS   列表达式 }                            --定义计算列
```

<列约束> 的语法如下。

```
[ CONSTRAINT   约束名 ]                           --设置约束名
{    [ NULL | NOT NULL ]                        --设置空值或非空值约束
   | [ [ PRIMARY  KEY | UNIQUE ]                --设置主键或唯一性约束
       [ CLUSTERED | NONCLUSTERED ] ]           --指定聚集索引或非聚集索引
   | [ [ FOREIGN  KEY（外关键字列 1 [ , … n ] ) ]   --设置外键约束
      REFERENCES   参照表名 (列 1 [ , … n ] ) ]     --
   | CHECK （逻辑表达式）                           --设置检查约束
}
```

该命令的选项说明如下。

1）ON：指定在哪个文件组上创建表，默认在 PRIMARY 文件组中创建表。

2）DEFAULT：在<列定义>中使用，指定所定义的列的默认值，该值由常量表达式确定。

3）IDENTITY：指定所定义的列为标识列，每张表中只能有一个标识列。当初值和增量都为 1 时，它们可以省略不写。

4）AS：指定所定义的列为计算列，其值由计算列表达式确定。

5）CONSTRAINT：为列约束指定名称，省略时由系统命名。

6）NULL | NOT NULL：指定所定义的列的值可否为空，默认为 NULL。

7）PRIMARY KEY | UNIQUE：指定所定义的列为主关键字或具有唯一性。

8）CLUSTERED | NONCLUSTERED：指定所定义的列为簇索引或非簇索引。

9）FOREIGN KEY REFERENCES：指定所定义的列为外关键字，且与该列相对应的参照列是参照表的主关键字或具有唯一性约束。

10）CHECK：为所定义的列指定检查约束，规则由逻辑表达式指定。

任务 4.2.5　创建有标识列的表

【例 4-3】　在 XSCJ 数据库中，创建数据表 KCB1，该表中的"序号"列为标识列。

1）在 SSMS 的查询窗口中，输入以下语句并执行。

```
CREATE  TABLE  XSCJ.DBO.KCB1
(   序号        INT IDENTITY ,    --设置标识列，初值和增量均为 1 时可省去参数不写
    课程号      CHAR (4 ) ,
    课程名      VARCHAR (20 ) ,
    授课教师    VARCHAR (10 ) ,
    开课学期    TINYINT ,
    学时        TINYINT ,
    学分        TINYINT
)
```

2）单击工具栏上的 ▶ 执行(X) 按钮（或按〈F5〉键）。

> 💡 注意：本例在创建时使用了数据库名 XSCJ 和默认的表所有者 dbo（Database Owner），如果当前使用的数据库正是 XSCJ 数据库，且使用默认的表所有者 dbo，那么可以只写表名 KCB1。在以后的例子中，均假定所要操作的数据库为当前数据库，且使用默认的表所有者 dbo 来创建表。

任务 4.2.6　创建有列约束的表

【例 4-4】　在 XSCJ 数据库中，创建数据表 KCB，并使用三种方法添加表约束，其表结构如表 4-3 所示。

方法 1：在新建表时，在单个列定义之后，紧接着定义约束。

其操作步骤如下。

1）可在 SSMS 的查询窗口中，输入以下语句。

```
USE  XSCJ                                    --将 XSCJ 库切换为当前库
CREATE  TABLE  KCB
( 课程号    CHAR (4)  NOT  NULL
  CONSTRAINT  PK_KCB_KCBH  PRIMARY  KEY ,    --在单个列之后定义主键约束
  课程名    VARCHAR (40) NOT  NULL ,
  授课教师  VARCHAR (10) ,                   --默认为 NULL，此处可不写
  开课学期  TINYINT  NOT  NULL              --在单个列之后，设置默认值约
  CONSTRAINT  DF_KCB_XQ  DEFAULT  1            束和检查约束
  CONSTRAINT CK_KCB_XQ CHECK (开课学期>=1 AND
开课学期<=6),
  学时    TINYINT  NOT  NULL ,
  学分    TINYINT
)
```

2）单击工具栏上的 ▶ 执行(X) 按钮（或按〈F5〉键）。

方法 2：在新建表时，在所有列定义完成后，再定义约束。

可在 SSMS 的查询窗口中，输入以下语句。

```
USE  XSCJ                                              --将 XSCJ 库切换为当前库
CREATE  TABLE  KCB
( 课程号 CHAR (4) NOT NULL ,
  课程名      VARCHAR (20)  NOT  NULL ,
  授课教师    VARCHAR (10) ,
  开课学期    TINYINT  NOT  NULL  DEFAULT  1 ,    --默认值只能在单列后定义
  学时        TINYINT  NOT  NULL ,
  学分        TINYINT
  CONSTRAINTPK_KCB_KCBH  PRIMARY  KEY(课程号) ,    --在所有列定义完成之后，再
  CONSTRAINT CK_KCB_XQ CHECK(开课学期>=1 AND 开课学期<=6)    定义主键约束和检查约束
)
```

方法 3：在已经创建好的表上定义约束，通过修改该表的方式添加约束。

在 SSMS 的查询窗口中，输入以下语句并执行。

```
ALTER  TABLE  KCB
  ADD
  CONSTRAINT  PK_KCB_KH  PRIMARY  KEY(课程号) ,
  CONSTRAINT  DF_KCB_XQ  DEFAULT  1  FOR  开课学期 ,
  CONSTRAINT  CK_KCB_XQ  CHECK (开课学期>=1  AND 开课学期<=6 )
```

注意：在创建表约束时，用户可用关键字 CONSTRAINT 来定义约束名，否则将由系统自动命名。当用户自定义约束名时，最好能顾名思义。例如在 KCB 表的课程号上设置主键约束时，其约束名可命名为 "PK_KCB_KH"，意思是在 KCB 表的课程号（KH）上设置了主键约束（PK）。若希望在以后的编程中对约束进行管理，建议还是采用由用户指定约束名的方式。

任务 4.2.7　创建有外键约束的表

【例 4-5】 在 XSCJ 数据库中，创建一个数据表 CJB，其表结构如表 4-4 所示。

在 SSMS 的查询窗口中，输入以下语句并执行。

```
USE  XSCJ                                              --将 XSCJ 库切换为当前库
CREATE  TABLE  CJB
( 学号    CHAR (10) NOT NULL REFERENCES XSB(学号),    --设置非空和外键约束，
  课程号  CHAR (4)  NOT NULL,                           约束名由系统命名
  成绩    TINYINT,
  学分    TINYINT
  CONSTRAINT  PK_CJB  PRIMARY  KEY (学号,课程号),    --设置组合主键约束
  CHECK (学分<=10),                                    --设置检查约束和外键约
  FOREIGN  KEY(课程号)  REFERENCES  KCB(课程号)        束，其约束名由系统命名
)
```

项目 4.3　修改数据表和表约束

任务 4.3.1　使用对象资源管理器修改数据表和表约束

【例 4-6】 对 XSCJ 数据库中的 XSB 表进行修改：

（1）删除"序号"字段；

（2）将"籍贯"字段移到"出生日期"字段之前；

（3）在"总学分"字段前面增加"EMAIL"字段，varchar(30)，允许为空，限制该字段值中必须包含"@"字符，约束名为"CK_XSB_EMAIL"；

（4）修改"总学分"字段上的检查约束，限制总学分的取值在"0～300"之间。

其操作步骤如下。

1）在"对象资源管理器"中展开要修改的"XSCJ"数据库，定位到"XSB"表上。

2）右击"XSB"表，在弹出的快捷菜单中选择"设计"命令，出现"表设计器"窗口。

3）删除"序号"字段。右击"序号"列的字段名称，在弹出的快捷菜单里单击"删除列"命令即可删除该列。

4）移动"籍贯"字段。先选中该列，然后拖动该列到"出生日期"字段前松开鼠标左键即可。注意在拖动列时，出现的那条黑线就代表拖放的位置。

5）增加"EMAIL"字段。右击"总学分"字段，在弹出的快捷菜单里单击"插入列"命令，会在"总学分"字段前面增加一个空行，如图 4-9 所示；然后在该行中输入要增加的字段名称、类型等属性。

图 4-9　增加列时的"表设计器"窗口

6）修改"总学分"列上的约束。单击工具栏上的"管理 CHECK 约束"按钮，显示"检查约束"对话框，该对话框中显示了已有检查约束的属性。在"表达式"文本框中将约束改为"([总学分]>=(0) AND [总学分]<=(300))"，如图 4-10 所示。

7）在"EMAIL"列上增加约束。单击图 4-10 中的"添加"按钮，在"选定的 CHECK 约束"列表框里，自动添加了一个名为"CK_XSB"的检查约束，在"表达式"文本框中输入"email like '%@%'"，在"（名称）"文本框中将约束名修改为"CK_XSB_EMAIL"，如图 4-11 所示。

图 4-10　修改"总学分"列上的 CHECK 约束　　图 4-11　在"EMAIL"列上增加 CHECK 约束

8）单击"关闭"和"保存"按钮后，关闭"表设计器"窗口。

任务 4.3.2　认识 ALTER TABLE 语句

使用 ALTER TABLE 命令可以修改表的结构：增加、删除列，也能修改列的属性，还能增加、删除、启用和暂停约束。但在修改表时，不能破坏表原有的数据完整性，例如不能向有主键的表添加主键列，不能向已有数据的表添加 NOT NULL 属性的列等。

ALTER TABLE 命令的基本语法如下。

```
ALTER  TABLE  表名
{ ADD  { <列定义>  <列约束> }  [ , … n ]           --添加和设置列属性、约束
 |ADD  { <列约束> }  [ , … n ]                     --增加列约束
 |DROP { COLUMN 列名 | [ CONSTRAINT 约束名} [ , … n ]  --删除列或列约束
 |ALTER COLUMN  列名                               --指定要修改的列名
      { 新数据类型 [ ( 新数据宽度 [ , 新小数位数 ] ) ]  --设置新的数据类型
        [ NULL | NOT NULL ] }                     --设置是否允许空值属性
  | [ WITH [ CHECK | NOCHECK ] ]                   --启用或禁用约束检查
  | [ CHECK | NOCHECK ] CONSTRAINT { ALL | 约束名 [ , … n ] } }  --启用或禁用约束
}
```

其中，<列定义>的语法如下。

```
{ 列名   数据类型 }
[[ DEFAULT  常量表达式 ] | [ IDENTITY [ ( 种子值 , 递增量 ) ] ]
{ 列名  AS  列表达式 }
```

<列约束> 的语法如下。

```
[ CONSTRAINT  约束名 ]
{  [ NULL | NOT NULL ]
   | [ [ PRIMARY KEY | UNIQUE ]
     [ CLUSTERED | NONCLUSTERED ]
          ( 主关键字列 1 [ , … n ] ) ]
   | [ [ FOREIGN KEY (外关键字列 1 [ , … n ] ) ]
       REFERENCES  参照表名(参照列 1 [ , … n ]) ]
   | CHECK  ( 逻辑表达式 )  }
```

任务 4.3.3　增加列

【例 4-7】　在 XSB 表中，增加两列："联系电话"字段，char(11)，默认值为"13600000000"；"邮箱"字段，varchar(20)。

在 SSMS 的查询窗口中，输入以下语句并执行。

```
ALTER  TABLE  XSB
   ADD  联系电话 CHAR(11)  CONSTRAINT  DF_XSB_DH  DEFAULT '13600000000' ,
          邮箱  VARCHAR(20)
```

任务 4.3.4　修改列

【例 4-8】　将成绩表 XSCJ 中成绩列的数据类型修改为 numeric(4,1)。

在 SSMS 的查询窗口中，输入以下语句并执行。

```
ALTER  TABLE  XSCJ  ALTER  COLUMN  成绩  NUMERIC(4,1)
```

 注意：在修改数据表的列时，只能修改列的数据类型及列值是否为空。但在下列情况下不能修改列的数据类型。

- ✪ 不能修改类型为 text、image、ntext、timestamp 的列。
- ✪ 不能修改类型为 varchar、nvarchar、varbinary 的列的数据类型，但可增加其长度。
- ✪ 不能修改设置了主键或外键或默认值或检查或唯一性约束、包含索引的列的数据类型，但可增加其长度。
- ✪ 不能修改用列表达式定义或被引用在列表达式中的列。
- ✪ 不能修改复制列（FOR REPLICATION）。

任务 4.3.5 添加约束

在数据表已经存在的情况下，可通过修改表的方式来添加约束。用户在添加约束时，如果表中原有数据与新添加的约束发生冲突，将会导致异常，并终止命令执行。如果想忽略对原有数据的约束检查，可在命令中使用 WITH NOCHECK 选项，使新增加的约束只对以后更新或插入的数据起作用。系统默认自动使用 WITH CHECK 选项，即对原有数据进行约束检查。注意，不能将 WITH CHECK 或 WITH NOCHECK 作用于主关键字约束和唯一性约束。

【例 4-9】在 XSB 表的"姓名"列上增加唯一性约束，约束名为 UK_XSB_XM，并忽略对原有数据的约束检查。

在 SSMS 的查询窗口中，输入以下语句并执行。

```
ALTER  TABLE  XSB
    WITH  NOCHECK
    ADD  CONSTRAINT  UK_XSB_XM  UNIQUE(姓名)
```

【课堂实践 1】

在学生成绩表 CJB 中，添加名 CK_CJB_CJ 的检查约束，该约束限制"成绩"在 0 到 100 之间。

任务 4.3.6 删除约束

【例 4-10】 删除 XSB 表上的 UK_XSB_XM 约束。
在 SSMS 的查询窗口中，输入以下语句并执行。

```
ALTER  TABLE  XSB  DROP  CONSTRAINT  UK_XSB_XM
```

任务 4.3.7 删除列

【例 4-11】 将 XSB 表中的"联系电话""邮箱"列删除。
在 SSMS 的查询窗口中，输入以下语句并执行。

```
ALTER  TABLE  XSB             --因为"联系电话"列上有默认值约束,所以应先删除
    DROP CONSTRAINT DF_XSB_DH
ALTER  TABLE  XSB             --然后,再删除"联系电话"和"邮箱"两列
    DROP COLUMN  联系电话,邮箱
```

任务 4.3.8　启用或暂停约束

【例 4-12】　暂停 XSB 表中的所有约束。

在 SSMS 的查询窗口中,输入以下语句并执行。

```
ALTER  TABLE  XSB  NOCHECK  CONSTRAINT  ALL
```

 注意:使用 CHECK 或 NOCHECK 选项可以启用或暂停某些或全部约束,但是对于主键约束和唯一性约束不起作用

项目 4.4　管理表中的数据

在创建完数据表之后,就可以在数据表里添加、修改和删除数据记录了。

任务 4.4.1　使用对象资源管理器管理表中的数据

【例 4-13】　分别向 XSCJ 库中的 XSB 表、KCB 表、CJB 表中添加如表 4-5～表 4-7 所示的数据,根据需要修改或删除数据。其中,XSB 表的性别列中的"0"代表"女","1"代表"男"。

表 4-5　XSB 表中的学生情况信息(样本表)

学号	姓名	性别	民族	出生日期	籍贯	所属院系	专业名称	总学分	备注
1903010829	张婧	0	土家族	2001-04-04	重庆市	人工智能与大数据学院	移动应用开发		
1903010859	何思思	0	土家族	2000-07-10	重庆市	人工智能与大数据学院	软件与信息服务		
1903011627	杨冲	1	土家族	2001-07-30	重庆	人工智能与大数据学院	智能产品开发		
1903011629	胡家松	1	土家族	2001-09-11	重庆	人工智能与大数据学院	智能产品开发		
1903021377	刘慧	0	满族	2001-07-17	辽宁省	电子与物联网学院	物联网应用技术		
1903021411	蓝青江	1	瑶族	2000-09-30	广西壮族自治	电子与物联网学院	智能终端技术与应用		
1903021412	吴青吉	0	壮族	2000-09-28	广西壮族自治	电子与物联网学院	物联网应用技术		
1903021415	唐磊	1	汉族	2001-07-18	重庆	电子与物联网学院	物联网应用技术		
1903030030	谢睿智	1	汉族	2001-03-19	重庆市	通信工程学院	移动通信技术		
1903030300	杨妮	0	土家族	2001-04-16	重庆市	通信工程学院	通信系统运行管理		
1903040053	冷杰	1	汉族	2001-04-26	重庆市	智能制造与汽车学院	电气自动化技术		
1903040061	陈思橦	1	汉族	2001-01-23	重庆市	智能制造与汽车学院	电气自动化技术		
1903040439	李进一	1	汉族	2000-12-08	重庆市	智能制造与汽车学院	机电设备维修与管理		
1903040556	杨勇	1	土家族	1999-08-02	重庆市	智能制造与汽车学院	无人机应用技术		

（续）

学号	姓名	性别	民族	出生日期	籍贯	所属院系	专业名称	总学分	备注
1903040714	周泯位	1	苗族	2000-11-28	重庆市	智能制造与汽车学院	无人机应用技术		
1903050729	谢函拯	1	苗族	2001-05-11	重庆市	财经管理学院	财务管理		
1903050979	赵荣洁	0	满族	2000-11-20	辽宁省	财经管理学院	会计信息管理		
1903051005	冯玉婷	0	壮族	2001-02-06	海南省	财经管理学院	电子商务		
1903051332	余舒粤	0	汉族	2002-09-24	重庆市	财经管理学院	财务管理		

表 4-6 KCB 表中的课程信息（样本表）

课程号	课程名称	授课教师	开课学期	学时	学分
1001	ASP.NET 应用程序设计	邓剑勋	3	64	4
1002	dotnet 开发中的软件安全技术	邓剑勋	4	48	3
1003	JAVA 程序设计	于澄	3	64	4
2001	PIN 光传输设备运行与维护	周鑫	3	64	4
1004	Python 开发技术应用	李力	4	64	4
1005	SQL SERVER 数据库基础	余平	1	64	4
2002	TD-SCDMA 基站系统开局与维护	刘良华	2	80	3
1006	Web 系统安全开发	唐乾林	2	64	4
1007	windows 配置与管理	陈学平	1	32	2
2003	WLAN 网络组建与优化	蔺玉珂	2	64	4
7001	安全防范系统工程	朱承	1	64	4
7002	安装工程计量与计价	肖露	5	64	4
7003	安装识图与工艺	张灵芝	2	64	4
5001	财务管理实务	赵小刚	2	64	4
5002	财务会计实务	胡敏	1	64	4
8001	餐饮服务	杨静	1	32	2
1008	程序设计基础	武春岭	1	64	4
2001	传感器技术及应用	高亮	4	64	4

表 4-7 CJB 表中的学生成绩信息（样本表）

学号	姓名	课程号	成绩	学分	学号	姓名	课程号	成绩	学分
1803060657	刘阳	1001	76	4	1903021376	李宗泽	2013	81	4
1903010017	宋云涛	1002	87	3	1903021377	刘慧	2013	91	4
1903010046	余苏圳	1003	88	4	1903021411	蓝青江	2013	78	4
1903010052	彭济东	1003	78	4	1903021412	吴青吉	2004	75	4
1903010398	灵程	1004	73	4	1903021415	唐磊	1009	90	4
1903010829	张婧	1005	72	4	1903021632	田浩燃	1010	72	5
1903010859	何思思	1006	67	4	1903021638	文博	1011	70	4
1903011627	杨冲	1006	56	4	1903021639	李蕊泽	9001	68	4
1903011629	胡家松	1007	52	2	1903021689	卿伟靓	3002	66	4
1903020013	吴怀龙	2003	94	4	1903021691	伍采意	3003	76	4
1903020169	杨宇	2003	89	4	1903030030	谢睿智	3004	86	4
1903020293	明宇	2003	73	4	1903030300	杨妮	3005	96	4
1903020708	赵金薇	2003	60	4	1903040053	冷杰	4002	65	4
1903021374	田梦	2003	61	4	1903040061	陈思橦	4002	77	4
1903021375	张宏涛	2004	84	4	1903040439	李进一	4002	89	4

其操作步骤如下。

1）在"对象资源管理器"中展开要修改的
"XSCJ"数据库，定位到"XSB"表上。

2）右击该表，选择"打开表"命令，出现
如图 4-12 所示"结果窗格"窗口。

3）输入各记录的字段值后，只要将光标定
位到其他记录上，或关闭"结果窗格"窗口，新
记录就会自动保存。

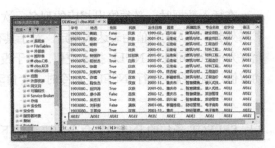

图 4-12　"结果窗格"窗口

4）使用相同的方法向 KCB 表和 CJB 表中添加记录。

 在输入新记录内容时，用户需要注意以下几点。

❁ 输入字段的数据类型要和字段定义的数据类型一致，否则会出现警告提示框。

❁ 不能为空的字段，必须要输入内容。

❁ 对于有约束的字段，输入的内容必须满足这些约束。

❁ 对于有默认值的字段，可以不输入任何数据，因为在保存记录时，系统会自动填入默认值。

5）找到要修改的记录，可在记录上直接修改字段内容，修改完毕之后，只需将光标从该记
录上移开，定位到其他记录上，SQL Server 会自动保存修改的记录。

 在修改记录时，需要注意以下几点。

❁ 如果要在"允许为空"的字段中，输入 NULL，可以按〈Ctrl+O〉键。

❁ 如果要将修改过的字段内容恢复到修改前的状态，可以将光标聚焦到该字段，然后按
〈Esc〉键。

❁ 如果想放弃整条记录的修改，可以连按两次〈Esc〉键。

6）右击要删除的记录，选择"删除"命令，出现警告提示对话框，单击"是"按钮即可完
成删除操作。

 在删除记录时，需要注意以下几点。

❁ 记录一旦被删除后就不能再恢复，所以在删除前一定要先确认。

❁ 可以一次删除多条记录，按住〈Shift〉键或〈Ctrl〉键，可以选择多条记录。

任务 4.4.2　认识 INSERT 语句

使用 INSERT 语句即可以一次插入一行数据，也可以从其他表中选择符合条件的多行数据
一次插入表中。无论使用哪一种方式，输入的数据都必须符合相应列的数据类型，且符合相应
的约束，以保证表中数据的完整性。

1．插入一行数据

INSERT 命令的语法如下。

```
INSERT  [ INTO ]  表名 [ ( 列名 [ , … n ] ) ]
    VALUES ( { 表达式 | NULL | DEFAULT } [ , … n ] )
```

在插入数据时，必须给出相应的列名，次序可任意，如果是对表中所有列插入数据，则可以省略列名。插入的列值由表达式指定，对于具有默认值的列可使用 DEFAULT 插入默认值，对于允许为空的列可使用 NULL 插入空值。对于没有在 INSERT 命令中给出的表中其他列，如果可自动取值，则系统在执行 INSERT 命令时，会自动给其赋值，否则执行 INSERT 命令时会报错。

2. 插入多行数据

SELECT 子句的 INSERT 命令的语法如下。

```
INSERT [ INTO ]  目的表名 [ ( 列名 [ , … n ] ) ]
  SELECT  [ 源表名. ] 列名 [ , … n ]
  FROM  源表名  [ , … n ]
  [ WHERE  逻辑表达式 ]
```

该命令先从多个数据源表中选取符合逻辑表达式的所有数据，从中选择所需要的列，将其数据插入到目的表中。当选取源表中的所有数据记录时，WHERE 子句可省略；当插入到目的表中的所有列时，列名可省略。

任务 4.4.3 使用 INSERT 语句向表中添加记录

【例 4-14】 向 XSB 表插入两行数据。

在 SSMS 的查询窗口中，输入以下语句并执行。

```
INSERT  INTO  XSB
  VALUES('1903051101','王成', 1, '汉族', '2002-5-21', '数字媒体学院', '环境艺
术设计', 30, '学习委员')
INSERT  XSB (学号,姓名,性别,出生日期,所属院系,专业名称)
  VALUES ('1903070405' , '田芳', 0 ,'1995-7-15', '建筑材料学院' ,'工程造价')
```

 注意：

✪ 第1条插入语句是对 XSB 表中所有列插入数据，所以，列名可以省去不写。

✪ 第2条插入语句中只列出了有 "NOT NULL" 属性的列名。

✪ 凡是为字符型、日期型数据要用单引号括起来。

任务 4.4.4 使用 SELECT 子句向表中添加多行数据

【例 4-15】 将 CJB 表中成绩不及格的记录插入 NOPASS 表中。说明：该例中用到的 NOPASS 表必须是已经存在的，且该表的结构与 CJB 一致。如果还没有 NOPASS 表，则用户应该先定义该表。

在 SSMS 的查询窗口中，输入以下语句并执行。

```
USE  XSCJ
INSERT  INTO  NOPASS
  SELECT  *   FROM  CJB  WHERE   成绩<60
GO
  SELECT * FROM NOPASS
```

任务 4.4.5 更新表中的记录

UPDATE 命令用于更新表中的记录，其语法如下。

```
UPDATE   表名
SET
  { 列名 = 表达式 | NULL | DEFAULT } [ , … n ] )
  [ WHERE 逻辑表达式 ]
```

当省略 WHERE 子句时，表示对所有行的指定列都进行修改，否则只对满足逻辑表达式的数据行的指定列进行修改。修改的列值由表达式指定，对于具有默认值的列可使用 DEFAULT 修改为默认值，对于允许为空的列可使用 NULL 修改为空值。

【例 4-16】 将 CJB 表中课程号为 "1001" 的不及格的学生成绩加 5 分。

在 SSMS 的查询窗口中，输入以下语句并执行。

```
UPDATE   CJB
    SET   成绩=成绩+5
    WHERE   (课程号= '1001'  AND  成绩<60)
```

【课堂实践 2】

将 XSB 表中的专业 "移动应用开发" 改为 "移动应用开发技术"。

任务 4.4.6　删除表中的记录

DELETE 命令用于删除表中的记录，其语法如下。

```
DELETE  表名
    [ WHERE  逻辑表达式 ]
```

当省略 WHERE 子句时，表示删除表中所有数据，否则只删除满足逻辑表达式的数据行。要删除 CJB 表中所有不及格的记录，可使用 "DELETE CJB WHERE (成绩< 60)" 命令。

项目 4.5　删除数据表

任务 4.5.1　使用对象资源管理器删除数据表

【例 4-17】 当不再使用数据表 KCB1 时，将其删除。

其操作步骤如下。

1）在 "对象资源管理器" 中展开 "XSCJ" 数据库，定位到要删除的 "KCB1" 数据表。

2）右击 "KCB1"，在弹出的快捷菜单中选择 "删除" 命令，出现 "删除对象" 对话框。

3）单击 "确定" 按钮即可删除该数据表。

 注意：在删除数据表时，如果该数据表有外键依赖是不能被删除的，只有先将依赖于该数据表的关系都删除后才能删除。

任务 4.5.2　使用 DROP TABLE 语句删除数据表

DROP TABLE 命令的语法如下。

```
DROP  TABLE  表名  [ , … n ]
```

项目 4.6　查看表信息

任务 4.6.1　查看表的定义信息

创建好数据表后，可以查看表的定义信息。可以在"对象资源管理器"中查看表信息，也可以通过编写 T-SQL 语句查看表的定义信息。

使用系统存储过程 **SP_HELP** 查看表的定义信息，其语法代码如下。

```
[EXEC]  SP_HELP  [[ @OBJNAME = ]'NAME']
```

【例 4-18】　使用系统存储过程查看服务器上所有数据表或查看 CJB 数据表的信息。

在 SSMS 的查询窗口中，输入以下语句并执行。

```
SP_HELP                        --未指定要查看的对象名，返回当前数据库中的所有对象
GO
SP_HELP  CJB                    --返回 CJB 表中的所有对象，包括字段、约束等
```

第 1 条语句执行后，显示如图 4-13 所示的结果，第 2 条语句执行后，显示如图 4-14 所示的结果。

图 4-13　查看指定表的定义信息

图 4-14　查看指定表的定义信息

任务 4.6.2　查看表约束

可以使用系统存储过程和在对象资源管理器中查看表约束。使用系统存储过程 **SP_HELPCONSTRAINT** 查看表约束，其语法代码如下。

```
[EXEC]  SP_HELPCONSTRAINT [ @OBJNAME = ]'TABLE'
```

【例 4-19】　使用系统存储过程查看 CJB 数据表的表约束。

SSMS 的查询窗口中，输入以下语句，执行结果如图 4-15 所示。

```
SP_HELPCONSTRAINT  CJB
```

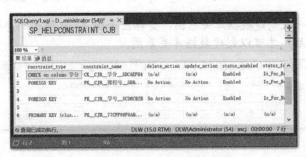

图 4-15　查看 CJB 表的表约束

<table>
<tr><td>项目 4.7</td><td>创建数据库关系图</td></tr>
</table>

在关系数据库中，数据库关系图是实现良好的数据库设计的重要工具。特别是对于一个较大的数据库来说，关系图显得非常重要，因为通过数据库关系图可以快速可视化和了解表与表之间的关系。在 SQL Server 2019 中，提供了一个简单易用的数据库关系图工具，使用它可以快速构建数据库关系图。

【例 4-20】　在对象资源管理器中为 XSCJ 数据库创建一个名为"Dia_xscj"的关系图。

其操作步骤如下。

1）在"对象资源管理器"中，依次展开"数据库"节点下的"XSCJ"数据库节点，定位到"数据库关系图"。

2）右击该节点，在弹出的快捷菜单中选择"新建数据库关系图"命令，将出现如图 4-16 所示的"添加表"对话框。

3）在该对话框中，选择要添加到关系图中的 XSB、KCB、CJB 表，单击"添加"按钮，然后单击"关闭"按钮，显示如图 4-17 所示的"XSCJ"数据库关系图。

4）单击工具栏上的"保存"按钮，出现如图 4-18 所示的对话框。

图 4-16　"添加表"对话框

图 4-17　"XSCJ"数据库关系图

图 4-18　输入关系图名称

5）在对话框中输入关系图的名称"Dia_xscj"后，单击"确定"按钮即可。

提示：如果是第一次创建数据库关系图，会弹出如图 4-19 所示的警告对话框，这时只有单击"是"按钮后，才可以创建数据库关系图。

图 4-19　警告提示框

【课后练习】

一、填空题

1．在数据表上可以创建的约束有_____、_____、_____、_____等。

2．创建表约束的方法有三种：第一种是在新建表时，在_____之后创建约束；第二种是在新建表时，在_____之后创建约束；第三种是表已经存在，可以通过_____添加约束。

3．在一个表中只能定义_____个主键约束，但可以定义_____个唯一性约束；定义了唯一约束的列数据可以为_____值，而定义了主键约束的列数据为_____值。

4．如果列上有约束，要删除该列，应先删除_____。

5．如果要删除的表 T1 是其他表 T2 的参照表，则应先取消 T2 表中的_____约束，或先删除_____表，再删除 T1 表。

6．在一个已存在数据的表中增加不带默认值的列，一定要保证所增加的列允许_____值。

7．对表中记录的维护工作主要有增加、_____和_____操作，它们均可通过对象资源管理器或 Transact-SQL 语句完成。

8．表的检查约束是用来实现数据的_____完整性规则。

9．表的外键约束实现的是数据的_____完整性规则。

10．定义标识列的关键字是_____。

二、选择题

1．在 ALTER TABLE 语句中使用以下哪个子句可以使表上创建的检查约束暂时无效。（　　）

    A．CHECK CONSTRAINT

    B．NOCHECK CONSTRAINT

    C．WITH NOCHECK

    D．DROP CONSTRAINT

2．SQL Server 2019 的字符型系统数据类型主要包括（　　）。

    A．int、money、char   B．char、varchar、text

    C．datetime、binary、int   D．char、varchar、int

3．不允许在关系中出现重复记录的约束是通过（　　　）实现。

    A．外键约束　　　　　　　　　　　B．非空约束

    C．检查约束　　　　　　　　　　　D．唯一约束

4．表的主键约束是用来实现数据的（　　　）

    A．实体完整性规则　　　　　　　　B．参照完整性规则

    C．域完整性规则　　　　　　　　　D．都是

5．用于自动产生唯一系统值的列属性是（　　　）。

    A．NULL　　　　　　　　　　　　 B．NOT NULL

    C．IDENTITY　　　　　　　　　　 D．SEED

三、判断题

1．NULL 表示一个空字符串。　　　　　　　　　　　　　　　　　（　　　）

2．参照完整性规则通常由外键约束来实现。　　　　　　　　　　　（　　　）

3．INSERT 语句后面必须要有 INTO。　　　　　　　　　　　　　 （　　　）

4．指定为标识列后，系统会自动将该列设定为 NOT NULL。　　　 （　　　）

5．WITH NO CHECK 选项可以暂停所有约束。　　　　　　　　　（　　　）

6．任何数据类型的列都可以设置为标识列。　　　　　　　　　　　（　　　）

7．在修改数据表时，可以向已有数据的表添加 NOT NULL 属性的列。　（　　　）

8．用一条 INSERT 语句一次可以插入多行数据。　　　　　　　　 （　　　）

9．在定义约束时，用户必须为该约束定义约束名。　　　　　　　 （　　　）

10．在创建数据表时，如果没有指明表的所有者，则使用默认的表的所有者 dbo。　（　　　）

【课外实践】

实践任务 1　创建"XSDA"数据库

要求：在 D 盘以"班级"为名称创建一个一级文件夹，在该文件夹中再以"姓名学号"为名称创建一个二级文件夹。在二级文件夹中，创建一个"XSDA"数据库，所有参数默认。

实践任务 2　创建"学生"和"成绩"数据表

要求：在"XSDA"数据库中创建"学生表"和"成绩表"，其结构和数据如表 4-8 和表 4-9 所示。

表 4-8　学生表

学号	姓名	性别	电话	EMAIL
201913001	李红	女	66113456	lihong@163.com
201913002	张勇	男	66111234	zhangy@21cn.com
201913003	刘芳	女	65678901	liufang@sina.com
201913004	刘丽	女	62345678	liuli@163.com
201913005	林冲	男	68765432	linchong@163.com

表 4-9　成绩表

学号	课程名	成绩
201913001	数据库	87
201913002	数据库	56
201913001	C++	78
201913002	C++	66
201913003	C++	55

实践任务 3　修改数据表

按下列要求完成对数据库和数据表的修改。

（1）在"学生表"中完成如下操作。

✪ 学号：设置主键约束。

✪ 姓名：设置非空约束。

✪ Email：设置唯一约束。

✪ 性别：设置默认值为"男"。

（2）在"成绩表"中完成如下操作。

✪ 学号：设置主键和外键约束。

✪ 课程名：设置主键和非空约束（注：学号、课程名为组合主键）。

✪ 成绩：设置检查约束为"0～100"。

（3）添加数据：向两张表中各添加 1 行自己的个人信息。

（4）增加列：在"学生表"中增加"序号"列，并将其定义为标识列，初始值为 1，增量为 1。

（5）修改列：将"学生表"中的"电话"改为 char(11) 类型。

（6）将"学生表"名更名为 XSB；将"成绩表"名更名为 CJB。

实践任务 4　分离数据库

要求：分离"XSDA"数据库，并连同"班级+姓名学号"文件夹一起复制到指定位置。

模块 5　查询数据

【项目内容】

- 📖 认识关系运算
- 📚 使用简单查询
- 📑 使用汇总查询
- 🖥️ 使用连接查询
- 🖧 使用子查询

【导航引领】

用差异型创新思维方式认识关系运算和数据查询技术；学习如何根据需求对数据表中的数据进行查询；敢于打破数据查询方式的固有思维方式，为后续创建视图、T-SQL 编程打好基础。

【知识目标】

- 理解选择、投影、连接三种基本关系运算
- 掌握 SELECT 语句的使用方法
- 掌握分组或统计查询结果的方法
- 理解子查询的含义和作用

【能力目标】

- 会按各类条件进行查询
- 会使用分类汇总查询
- 会使用连接查询
- 会使用子查询

项目 5.1　认识关系运算

　　关系数据库建立在关系数据模型基础之上，具有严格的数学理论基础。关系数据库对数据的操作除了包括集合代数的并、差等运算之外，还定义了一组专门的关系运算：连接、选择和投影。关系运算的特点是运算的对象和结果都是表。

8
按列查询

任务 5.1.1　了解选择运算

　　选择运算是单目运算，其运算对象是一个表。该运算按给定的条件，从表中筛选出满足条件的行形成一个新表，作为运算结果。

　　选择运算的理论表达式记为 $\delta_F(R)$。其中，δ 是选择运算符，下标 F 是一个条件表达式，R 是表名。

　　在表 5-1 所示的学生情况表中，若要找出性别为"女"且平均成绩在 80 分以上的数据信息，则选择运算式记为 $\delta_{性别="女" \wedge 平均成绩 \geqslant 80}$（学生情况表），其运算结果如表 5-2 所示。

任务 5.1.2　了解投影运算

　　投影运算也是单目运算，其运算对象也是一个表。该运算是从表中筛选出指定列（属性

名）组成一个新表，作为运算结果。

投影运算的理论表达式记为$\Pi_A(R)$。其中，Π是投影运算符，下标 A 是属性名（即列名），R 是表名。

在表 5-1 所示的学生情况表中，若要筛选出"姓名"列和"平均成绩"列的数据信息，则投影运算表达式记为$\Pi_{\text{姓名, 平均成绩}}$（学生情况表），其运算结果如表 5-3 所示。

表的选择和投影运算分别从行和列两个方向上分割一个表，而下面要讨论的连接运算则是对两个表的操作。

表 5-1　学生情况表

学号	姓名	性别	平均成绩
202003001	王敏	女	74
202003002	李小林	男	87
202003003	胡志平	女	90

表 5-2　选择运算结果

学号	姓名	性别	平均成绩
202003003	胡志平	女	90

表 5-3　投影运算结果

姓名	平均成绩
王敏	74
李小琳	87
胡志平	90

任务 5.1.3　了解连接运算

1. 交叉连接

交叉连接又称笛卡儿连接，设表 R 和 S 的属性（列）个数分别为 r 和 s，元组（行）个数分别为 m 和 n，则 R 和 S 的交叉连接是一个有 $r+s$ 个属性（列），$m \times n$ 个元组（行）的表，且每个元组的前 r 个属性来自 R 的一个元组，后 s 个属性来自 S 的一个元组，记为 R×S。

若已知 R 表和 S 表，则 R×S 的结果如图 5-1 所示。

R 表

X1	X2
1	4
2	0
3	5

×

S 表

X3	X4	X5
1	3	7
2	5	8

⇒

R×S 的结果

X1	X2	X3	X4	X5
1	4	1	3	7
1	4	2	5	8
2	0	1	3	7
2	0	2	5	8
3	5	1	3	7
3	5	2	5	8

图 5-1　交叉连接示例

2. 内连接

（1）条件连接

条件连接是把两个表中的行按照给定的条件进行拼接而形成的新表，结果列为参与连接的两个表的所有列，记为 R∞$_F$S。其中，R、S 是被操作的表，F 是条件。

若已知 R 表和 S 表，则 R∞$_F$S 的结果如图 5-2 所示，其中，条件为 X1≥X3。

（2）自然连接

数据库应用中最常用的是"自然连接"。进行自然连接运算要求两个表有共同属性（列）。自然连接运算的结果表是在参与操作的两个表的共同属性上进行等值条件连接后，再去除重复的属性后所得的新表。自然连接运算记为 R∞S，其中 R 和 S 是参与运算的两个表。

已知 R 表和 S 表，则 R∞S 的结果如图 5-3 所示。

R 表

X1	X2
1	A
0	F
2	B

∞F

S 表

X3	X4	X5
1	3	M
2	0	N

R∞FS 的结果

X1	X2	X3	X4	X5
1	A	1	3	M
2	B	1	3	M
2	B	2	0	N

图 5-2　条件连接示例

R 表

T1	T2	T3
10	A1	B1
5	A1	C2
20	D2	C2

∞

S 表

T1	T4	T5	T6
1	100	A1	D1
100	2	B2	C1
20	0	A2	D1
5	10	A2	C2

R∞S 的结果

T1	T2	T3	T4	T5	T6
5	A1	C2	10	A2	C2
20	D2	C2	0	A2	D1

图 5-3　自然连接示例

3. 外连接

在关系 R 和 S 上进行自然连接时，选择两个关系在公共属性上值相等的元组构成新关系的元组。此时，关系 R 中的某些元组有可能在 S 中不存在公共属性上值相等的元组，造成 R 中这些元组的值在操作时被舍弃。由于同样的原因，S 中的某些元组也有可能被舍弃。如果 R 和 S 在进行自然连接时，把原该舍弃的元组也保留在新关系中，同时在这些元组新增加的属性上填上空值（NULL），这种操作称为"外连接"操作。"外连接"又分为左外连接、右外边接和全外连接。

1）左外连接。左外连接是在查询结果集中显示左边表中所有记录，及右边表中符合条件的记录。

2）右外连接。右外连接是在查询结果集中显示右边表中所有记录，及左边表中符合条件的记录。

3）全外连接。全外连接是在查询结果集中显示左、右表中所有记录，包括符合条件的和不符合条件的记录。

全外连接与自然连接对比示例如图 5-4 所示。

R 表

X1	X2	X3
a	b	c
b	b	f
c	a	d

S 表

X2	X3	X4
b	c	d
b	c	e
a	d	b
e	f	g

R 与 S 自然连接

X1	X2	X3	X4
a	b	c	d
a	b	c	e
c	a	d	b

R 与 S 左外连接

X1	X2	X3	X4
a	b	c	d
a	b	c	e
c	a	d	b
b	b	f	NULL

R 与 S 右外连接

X1	X2	X3	X4
a	b	c	d
a	b	c	e
c	a	d	b
NULL	e	f	g

R 与 S 全外连接

X1	X2	X3	X4
a	b	c	d
a	b	c	e
c	a	d	b
b	b	f	NULL
NULL	e	f	g

图 5-4　外连接示例

项目 5.2 使用简单查询

9
按条件查询

任务 5.2.1 认识 SELECT 语句

SELECT 语句的基本语法格式如下。

```
SELECT  字段列表                      --选择列
[ INTO  新表名 ]                      --将查询结果保存在一个新表中
FROM  表名 [ , … n ]                  --指出要查询的表及各表之间的逻辑关系
[ WHERE  条件 ]                       --设置查询条件
[ GROUP BY  列名 ]                    --设置数据按指定字段分组
[ HAVING  逻辑表达式 ]                --为分组统计的数据设置条件
[ ORDER BY  列名 [ASC|DESC]]          --对查询结果设置排序方式
[ COMPUTE  聚合函数(列名) [ BY 列名]]  --按指定字段进行分组统计
```

SELECT 语句最简单的格式如下。

```
SELECT  字段列表  FROM  表名           --其作用是在指定的表中查询指定的列
```

其中，字段列表指定了查询结果集中要包含的列的名称。有多个字段名时用逗号分隔。在字段列表中，还可以包含以下这些参数。

1）字段名：指定在查询结果集中要包含的字段名。在字段名前还可以加上 ALL 和 DISTINCT 参数。

❂ All：指定在查询结果集中包含所有行，此参数为默认值。

❂ DISTINCT：指定在查询结果集中只能包含不重复的数据行。

2）*：返回指定表中的所有列。

3）TOP 表达式：限制查询结果集中返回的数据行的数目。

4）常量表达式：使用常量表达式在查询结果集中增加说明列。

5）列表达式：使用列表达式在查询结果集中增加计算列。

6）字段名 AS 别名：在查询结果集中为列重新指定名称。

7）使用聚合函数：在查询结果集中返回数据的统计信息。

任务 5.2.2 使用 SELECT 子句选择列

1. 查询表中所有列

【例 5-1】 查看 XSB 表中的所有记录，查询结果如图 5-5 所示。

2. 查询表中的某几列

【例 5-2】 查询 XSB 表中的学号、姓名和专业名称信息。查询结果如图 5-6 所示。

📖 **说明：** 在检索数据时，列的顺序由 SELECT 子句指定，这个顺序可以和列定义时的顺序不同，但不会影响数据在表中的存储顺序。

图 5-5　查询 XSB 表中的所有列　　　　　图 5-6　查询 XSB 表中的某几列

3．查看最前记录

【例 5-3】　查询 XSB 表中的前 3 条记录。查询结果如图 5-7 所示。

4．为查询增加计算列

【例 5-4】　查看 CJB 表中的信息，并查询折算成绩，其折算成绩为原成绩的 70%。查询结果如图 5-8 所示。

5．改变查询结果中的列名

在默认情况下，数据查询结果中所显示的列名就是在创建表时使用的列名，但对于新增列，如图 5-8 中所示的计算列，系统并不会指定列名，而是以"无列名"来标识。如果用户想改变查询结果中所显示的列名，可以用以下 3 种方法来实现。

图 5-7　查询 XSB 表中的前 3 条记录　　　图 5-8　为查询结果集增加计算列

第 1 种方法：在列表达式前冠以一个后接等号（=）的字符串来为列表达式指定列名，其中字符串可以用单引号括起来，也可以不括。

第 2 种方法：在列表达式后用关键字 AS 接一个字符串的方式来为列表达式指定列名，其中字符串可以用单引号括起来，也可以不括。关键字 AS 也可以省略。

第 3 种方法：在列表达式后留一个空格，再接一个字符串来为列表达式指定列名，其中字符串可以用单引号括起来，也可以不括。

【例 5-5】　用 3 种方式为计算列指定别名。查询结果如图 5-9 所示。

图 5-9　改变查询结果集中的列名

6．查看不重复记录

【例 5-6】　查看 CJB 表中学生选修的课程号。查询结果如图 5-10 和图 5-11 所示。

图 5-10　查看学生选修的课程号（有重复）　　　图 5-11　查看学生选修的课程号（不重复）

7. 增加说明列

有时，直接阅读 SELECT 语句的查询结果比较困难，因为显示出来的数据，有时只是一些不连贯的信息。为了增加查询结果的可读性，可以在 SELECT 子句中增加一些说明列。增加的说明文字串使用单引号括起来。

【例 5-7】　在查询结果集的"备注"列前增加一个说明列。结果如图 5-12 所示。

因为增加的说明文字串要用单引号括起来，如果说明文字串本身又含有单引号，则用两个单引号表示。

【例 5-8】　在查询结果集的"备注"列前增加"其'职务'是"的说明列。查询结果如图 5-13 所示。

图 5-12　在查询结果集中增加说明列　　　图 5-13　在查询结果集中增加带引号的说明列

任务 5.2.3　使用 WHERE 子句选择行

在前面的示例中，查询的都是数据表中所有的记录，但在实际情况中，用户通常只要求查询部分数据记录，即找出满足某些条件的数据记录。此时用户可以在 SELECT 语句中使用 WHERE 子句来指定查询条件，过滤不符合条件的记录行。

其基本的语法形式如下。

```
SELECT  字段列表  FROM  表名  WHERE  查询条件
```

在 WHERE 子句中，可以使用的查询条件包括比较条件、逻辑条件、范围条件、模糊匹配条件、列表条件及空值判断条件。

1. 使用比较条件查询

比较条件适合简单的条件查询。在 SQL Server 中比较运算符如表 5-4 所示。

表 5-4　比较运算符

>	<	=	>=	<=	<>或!=	!>	!<
大于	小于	等于	大于等于	小于等于	不等于	不大于	不小于

【例 5-9】　查询 CJB 表中成绩不及格的学生记录。查询结果如图 5-14 所示。

【例 5-10】　查询 XSB 表中 2002 年及其后出生的学生信息。查询结果如图 5-15 所示。

图 5-14　查询成绩不及格的学生记录　　　　图 5-15　查询 2002 年及其后出生的学生信息

比较运算符不仅可用于比较数字类型的列，也可用于比较字符类型的列，这是因为 SQL Server 的字符都用其二进制 ASCII 码表示，故不仅可比较等于（=）或不等于（!=，<>），也可以比较其大小。如字符'A'的二进制值比'B'小，字符'9'的二进制值比'0'大。除此之外，还可以比较日期类型的列，规则是日期靠后的值比日期靠前的值大。如日期'2021-1-31'的值就比'2021-1-30'大。

【课堂实践 1】

1）在 XSB 表中，查询女同学的姓名和专业名称。

2）在 XSB 表中，查询工程造价专业的学生的学号和姓名。

3）在 CJB 表中，查询成绩在 80 分以上的学生的学号、课程号和成绩。

2. 使用逻辑条件查询

如果查询的条件比较多，可以使用逻辑条件进行查询。逻辑运算符号有三种。

✪ AND：组合两个条件，当两个条件都为真时其取值为真。

✪ OR：组合两个条件，当两个条件中有一个为真时其取值为真。

✪ NOT：对指定的条件取反。

【例 5-11】　查询 XSB 表中财务管理专业的男生信息。查询结果如图 5-16 所示。

【例 5-12】　查询 CJB 表中成绩在 70～80 间的学生信息。查询结果如图 5-17 所示。

图 5-16　查询财务管理专业的男生信息　　　　图 5-17　查询成绩在 70～80 间的学生信息

3. 使用范围条件查询

在查询某个取值范围内的数据时，除了使用逻辑条件查询（AND）外，还有另一种指定列值取值范围的方法，就是使用"BETWEEN...AND"来指定查询的范围。

其语法形式如下。

SELECT　字段列表　FROM　表名　　WHERE　列名　BETWEEN　取值范围下界　AND　取值范围上界

【例 5-13】　查询 2001 年 2 月份出生的学生信息，查询结果如图 5-18 所示。

图 5-18　查询 2001 年 2 月出生的学生信息

范围条件查询与逻辑条件查询的关系：使用"BETWEEN...AND"设置的查询条件与使用一个逻辑运算符"AND"设置的查询条件作用相同。

 请思考：

使用"NOT BETWEEN...AND"设置的查询条件与使用一个逻辑运算符"OR"设置的查询条件的作用是否相同？

【课堂实践 2】

1）查询 CJB 表中成绩在 80 分以上和不及格学生的信息。

2）在 XSB 表中，查询不在 2001 年 7、8、9 月份出生的学生信息。

4．使用模糊匹配条件查询

通常，查询中的条件都是确定的，如"成绩>=60"或"专业名='计算机网络'"等，但有时也可能这个条件是不确定的，或用户不想进行精确查询，例如用户想找一本关于 SQL Server 2019 的书，但用户并不知道书的全名，此时可以使用模糊匹配的方法查找书名中含有字符串"SQL Server 2019"的书，然后再挑选；又如用户想查找班中所有陈姓学生的记录等。

为了进行模糊匹配查询，T-SQL 语言提供了 LIKE 关键字用以查询与特定字符串匹配的数据。其语法形式如下。

SELECT　字段列表　FROM　表名　　WHERE　列名　[NOT]　LIKE　'匹配字符串'

在"匹配字符串"中可以使用如表 5-5 所示的四种通配符。

表 5-5　通配符的含义

通配符	说明	通配符	说明
%	代表任意长度的字符串	[ ]	指定某个字符的取值范围
_（下画线）	代表任意一个字符	[^]	指定某个字符要排除的取值范围

【例 5-14】　查询 XSB 表中的所有陈姓学生的信息，查询结果如图 5-19 所示。

【例 5-15】　查询 XSB 表中学号尾数为 3 的学生信息，查询结果如图 5-20 所示。

图 5-19　查询所有陈姓学生的信息　　　　图 5-20　查询学号尾数为 3 的学生信息

【例 5-16】　查询 XSB 表中学号尾数不为 1、2、3、4 的学生信息，如图 5-21 所示。

图 5-21　查询学号尾数不为 1、2、3、4 的学生信息

此处要注意的是，当使用 LIKE 关键字进行模糊匹配查找时会导致 SQL Server 不使用与指定表相关联的索引，它（模糊查询）会通知 SQL Server 比较所指定的字符串，并查询与所提供的字符串匹配的数据记录。因此，不推荐在大型表上使用模糊匹配，因为在这种情况下查询符合条件的数据记录的时间会很长。

【课堂实践 3】

1）在 XSB 表中，查询学号中含有 1 的学生信息。

2）在 XSB 表中，查询学号中第 6 位为 1 和 2 的学生信息。

5. 使用列表条件查询

如果列值的取值范围不是一个连续的区间，而是该区间范围内的某些值，此时就不能使用 BETWEEN…AND 关键字，SQL Server 提供了另外一个关键字 IN，其语法形式如下。

```
SELECT  字段列表   FROM  表名
WHERE 列名 [NOT] IN （列值表）
```

【例 5-17】　查询 CJB 表中课程号为 "1001" "1003" 或 "4001" 的学生成绩信息，查询结果如图 5-22 所示。

图 5-22　查询课程号为 "1001" "1003" 或 "4001" 的学生成绩信息

提示：关键字 IN 可以看作是多个 OR 运算符连接的查询条件的一种简化形式。例 5-17 中的代码改成如下形式，其查询结果不变。

SELECT 学号, 课程号, 成绩 FROM CJB
WHERE 课程号='1001' OR 课程号='1003' OR 课程号='4001'

【课堂实践 4】

1）在 XSB 表中，查询所有非张、李、王、陈姓的学生信息。
2）在 XSB 表中，查询籍贯是四川、湖南、云南的学生信息。

6. 使用空值查询

如果要查询字段中的空值 NULL，可以使用"IS"运算符设置条件进行判断。其语法形式如下。

```
SELECT 字段列表 FROM 表名
WHERE 列名 IS [NOT] NULL
```

图 5-23 查询学生获奖情况

【例 5-18】 查询 XSB 表中的学生获奖情况，查询结果如图 5-23 所示。

分析：XSB 表的备注字段中记录了学生在校期间的获奖情况，如果该字段值非空，表示该学生有过获奖经历，否则，表示该学生没有获过奖。

任务 5.2.4 使用 FROM 子句选择数据源

在前面所有的例子中，用户在 SELECT 语句的 FROM 子句中指定的都是单个或多个的表，其实 SELECT 语句的查询数据源除了表以外还可以是视图，也可以既指定表又指定视图。指定视图与指定表的方法一样。

FROM 子句的语法如下。

```
FROM { 表名 | 视图名 } [ ,…n ]
```

可以看出，当有多个数据源时，可以用逗号（,）分隔，但最多只能有 16 个数据源。另外，用户也可以为数据源指定别名，该别名只在当前 SELECT 语句中起作用。其方法类似于为列指定别名，但只能使用第二种和第三种方法，即用"数据源名 AS 别名"和"数据源名别名"两种形式。指定别名的好处在于能以较短的名字代替原本的长名，如用"USA"可以代替原名"United_States_of_America"。

任务 5.2.5 使用 ORDER BY 子句排序查询结果

ORDER BY 子句的作用是设置排序顺序，使用它可以使查询结果按照用户的要求对一个列，或是多个列排序，其语法形式如下。

```
SELECT 字段列表 FROM 表名
```

```
ORDER BY  { 列名 | 列号  [ ASC | DESC ] }  [ ,…n ]
```

其中的参数含义如下。

❂ 列号：表示该列在 SELECT 子句指定的列表中的相对顺序号。

❂ ASC：表示按升序排列，为默认值，可省略。

❂ DESC：表示按降序排列。

1．按一个字段排序

【例 5-19】　分别以姓名降序排列、以出生日期升序排列查询 XSB 表的记录。

```
SELECT  *  FROM XSB
        ORDER  BY  姓名  DESC              --以姓名降序排列
        SELECT  学号，姓名，出生日期  FROM XSB  --以列名中的第 3 列（即出生日期）升序排列
        ORDER  BY  3
```

2．按多个字段排序

当 ORDER BY 子句指定了多个列时，系统先按照 ORDER BY 子句中第一列的顺序排列，当该列出现相同值时，再按照第二列的顺序排列，依次类推。

【例 5-20】　查询 CJB 表的记录，并先按课程号升序排列，当课程号相同时再按成绩降序排列。查询结果如图 5-24 所示。

图 5-24　按多个字段排序

任务 5.2.6　使用 INTO 子句保存查询结果

在模块四中，介绍了使用 INSERT 命令一次插入多行数据到数据表中的方法，那是将一个查询结果插入一个已存在的表，其实在对表进行查询时，用户也可使用 INTO 子句将查询结果生成一个新表，这种方法常用于创建表的副本或创建临时表。

新表的列为 SELECT 子句指定的列，且不改变原表中列的数据类型和允许空属性，但忽略其他所有信息，如默认值、约束等信息。其语法形式如下。

```
SELECT  字段列表  INTO  新表名
FROM  表名
[ WHERE  逻辑表达式 ]
```

如果要将例 5-20 中的查询结果保存到新表 TEMP_KCB 中，其语句如下。

```
SELECT  学号，课程号，成绩 INTO TEMP_KCB   FROM CJB
ORDER BY  2，3 DESC
```

10
汇总查询

项目 5.3　使用汇总查询

在简单查询中，只涉及对一张数据表中的原始数据进行查询，而在实际应用中，用户的查询

需求远远不止这些。例如，用户想在 XSCJ 库中查询平均成绩、最高成绩、最低成绩、男女生人数、各专业人数等，而这些数据又不是 XSCJ 库中的原始数据，那么该如何实现这些查询呢？

实际上，Server SQL 给用户提供了数据汇总查询方法，即可以对查询结果集进行求总和、平均值、最大值、最小值及计数等。下面介绍汇总查询的两种使用形式，即使用聚合函数和 GROUP BY 子句进行汇总查询。

任务 5.3.1　认识聚合函数

聚合函数可以将多个值合并为一个值，其作用是对一组值进行计算，并在查询结果集中返回一个单值。其语法格式如下。

```
SELECT   聚合函数([*|[ALL|DISTINCT]]列名)[,…n]
FROM    表名
[ WHERE   条件 ]
```

其中，各参数的含义如下。

❂ ALL：计算该列中值非空的记录的个数，为默认值。

❂ DISTINCT：计算该列中值非空且不同的记录的个数（不计算重复行）。

❂ *：计算所有记录的个数，包括空值，该参数只能用于 COUNT 函数中。

常用的聚合函数有 SUM、AVG、MAX、MIN 和 COUNT 等，其作用如下。

❂ SUM 函数：返回指定列中所有值的和或仅非重复值的和。该函数只能用于数值型数据。

❂ AVG 函数：返回指定列的算术平均值，该函数只能用于数值型数据。

❂ MAX 函数：返回指定列的最大值。

❂ MIN 函数：返回指定列的最小值。

❂ COUNT 函数：返回指定列的数据记录行数，不包含全部为 NULL 值的记录行。它可以指定某个列作为参数，此时返回该列数据记录的行数；也可使用通配符星号（*）作为参数，此时返回表中所有数据记录的行数。

任务 5.3.2　使用聚合函数汇总查询

【例 5-21】　计算 CJB 表中成绩列的总和、算术平均值、最大值、最小值，并分别将这些列指定别名为总分、平均分、最高分、最低分。查询结果如图 5-25 所示。

【例 5-22】　计算 CJB 表中成绩不及格的记录条数，并将该列指定别名为"不及格的人次数"。查询结果如图 5-26 所示。

图 5-25　计算成绩总分、平均分、最高分、最低分

图 5-26　计算成绩不及格的人次数

分析：1）用 COUNT 函数计算 XSB 表中有多少条学生记录时，可以用学号列作为 COUNT 函数的参数，因为学号列是 XSB 表的主关键字，能唯一标识每一条学生记录；也可以

使用星号（*）作为 COUNT 函数的参数。

2）用 WHERE 子句进行条件筛选，则 COUNT 函数返回表中符合条件的数据记录的行数。

 请思考：

上例中统计的不及格人次数能否代替有不及格课程的学生人数？

很明显，不能。因为在 CJB 表中某些学生可能有多门课程不及格，如学号为"1903021374"的学生有两门课程不及格，但该学生只能算作一个人，所以在统计有不及格课程的学生人数时应该在指定列的前面加上关键字 DISTINCT，此时返回的值才是不同学生的人数统计值，其代码改写如下。

```
SELECT  COUNT(DISTINCT 学号)  AS
'不及格的学生人数'
    FROM  CJB
    WHERE  成绩< 60
```

查询计算结果如图 5-27 所示。

图 5-27　计算成绩不及格的学生人数

任务 5.3.3　认识 GROUP BY 子句

聚合函数只返回单个的汇总数据。在前面介绍的实例中，汇总数据都是针对整个表或由 WHERE 子句确定子表中的指定列进行的，所以返回的汇总数据只有一行。

在实际应用中，用户经常需要得到不同类别的汇总数据，那么可以使用 Server SQL 中提供的 GROUP BY 子句来实现分类汇总。该子句根据指定的列将数据分成多个组（即列值相同的记录组成一组），然后对每一组进行汇总，并对生成的汇总记录按指定列的升序显示。通常用于在每个组上执行一个或多个聚合。另外，还可以使用 HAVING 子句来筛选结果集内的组，使用 ORDER BY 子句可以对结果集进行排序。其语法形式如下。

```
SELECT  字段列表  FROM  表名
GROUP  BY  列名 1  [ ,…n ]
HAVING  逻辑表达式
ORDER  BY  列名 1  [ ,…n ]
```

 注意：SELECT 子句中出现的列名必须是 GROUP BY 子句中指定的列名，或者和聚合函数一起使用。

任务 5.3.4　使用 GROUP BY 子句分类汇总

1. 按一个字段分组

【例 5-23】　在 CJB 表中，统计每门课程的平均分。

分析：先将 CJB 表中的数据记录按课程号分组，然后统计每一组课程的平均成绩。查询结果如图 5-28 所示。

2. 按多个字段分组

如果 GROUP BY 子句中指定了多个列，则表示基于这些列的唯一组合来进行分组。在分组过程中，首先按第一列进行分组，然后再按第二列进行分组，依此类推，最后在分好的组中进行汇总。因此，当指定的列顺序不同时，返回的结果顺序也不同。

> 说明：GROUP BY 子句返回的组没有任何特定的顺序，若要指定特定的数据排序，需使用 ORDER BY 子句。

【例 5-24】 在 XSB 表中，统计各院系男女生人数。统计结果如图 5-29 所示。

图 5-28　统计每门课程的平均分　　　　　　图 5-29　统计各院系男女生人数

3．对分组汇总结果进行筛选

HAVING 子句用于设定组或聚合的查询条件，通常与 GROUP BY 子句配合使用。如果不使用 GROUP BY 子句，则 HAVING 的效果与 WHERE 子句一样。

> 注意：当 GROUP BY 子句、HAVING 子句和 WHERE 子句同时存在时，其执行顺序为先 WHERE，后 GROUP BY，再 HAVING，即先用 WHERE 子句过滤不符合条件的数据记录，接着用 GROUP BY 子句对余下的数据记录按指定列分组，最后再用 HAVING 子句排除一些组。HAVING 子句与 WHERE 子句的区别是：HAVING 子句中可以使用聚合函数，而 WHERE 子句则不能。

【例 5-25】 在 XSB 表中，统计各院系男女生的人数超过 10 人的信息。统计结果如图 5-30 所示。

图 5-30　统计各院系男女生人数超过 10 人的信息

项目 5.4　使用连接查询

连接查询就是把多个表中的行按给定的条件进行连接生成新表，从中查询数据。

在 SQL Server 中，连接类型有多种：内连接、外连接、自连接和无限制连接。由于无限制连接可能会产生很庞大的结果集，因此它只是理论上的一种连接方法，并无应用价值。下面重点介绍内连接、外连接和自连接。

任务 5.4.1　应用内连接

内连接是将多个表中的共享列值进行比较，把多个表中满足连接条件的记录横向连接起来，作为查询结果。内连接分为等值连接和非等值连接。等值连接就是使用 "=" 运算符设置连接条件的连接。非等值连接就是使用 ">、>=、<、<=" 等运算符设置连接条件的连接。在实际应用中，等值连接应用较广泛，而非等值连接只有与自身连接同时使用才有意义。

内连接有两种语法形式：一是 ANSI 语法形式，另一种是 SQL Server 语法形式。

1）ANSI 连接语法形式如下。

```
SELECT  列名表
FROM  表名 1 [ 连接类型 ] JOIN  表名 2 [ … JOIN  表名 n ]
ON  { 连接条件 }
WHERE  { 查询条件 }
```

2）SQL Server 连接语法形式如下。

```
SELECT  列名表
FROM  表名 1 [ ,…n ]
WHERE  { 查询条件 AND | OR 连接条件 } [ …n ]
```

【例 5-26】 查询不及格学生的学号、姓名、课程号和成绩信息。查询结果如图 5-31 所示。

分析：首先，应确定要查询字段的来源，即分别属于哪些数据表；然后，再确定表与表之间的共享列，即要查询的表通过什么列名相关联；最后，确定连接条件。

在本例中，学号、姓名字段来源于 XSB 表，课程号、成绩字段来源于 CJB 表，这两个表的共享列是学号字段。因此，根据题意，把连接条件设置为等值连接，即 "XSB.学号=CJB.学号"。

图 5-31　应用内连接查询不及格学生的信息

1）ANSI 连接语法形式如下。

```
SELECT  XSB.学号, 姓名, 课程号, 成绩
FROM  XSB  INNER JOIN  CJB
ON  XSB.学号=CJB.学号
WHERE  成绩<60
```

说明："INNER JOIN" 表示该连接属于内连接，在查询结果集中只显示符合条件的记录，INNER 可省略。

2）SQL Server 连接语法形式如下。

```
SELECT  XSB.学号, 姓名, 课程号, 成绩
FROM  XSB, CJB
WHERE  XSB.学号=CJB.学号  AND  成绩<60
```

注意：当引用的列存在于多个表中时，必须用 "表名.列名" 的形式来明确要显示的是哪个表中的字段。从图 5-31 中可以看出，本例中的学号字段前面都加上了表名以明确它的来源。

【课堂实践 5】

查询不及格学生的学号、课程名、授课教师、开课学期的信息。

任务 5.4.2　应用外连接

在内连接查询中，结果集只包含了相关表中满足连接条件的行，而外连接还会把某些不满足条件的行显示出来。根据对表的限制情况，外连接可分为左外连接、右外连接和全外连接。外连接只有 ANSI 连接语法形式。

1. 左外连接

左外连接是在查询结果集中显示左边表中所有的记录，及右边表中符合条件的记录。

【例 5-27】　用左外连接方式查询学生的学号、姓名、课程号和成绩信息。查询结果如图 5-32 所示。

从图 5-32 中可以看出，有些学生的"课程号"和"成绩"字段内容为 NULL，表示在 CJB 表中没有这些学生的成绩记录。语句中的"LEFT OUTER JOIN"表示该连接属于左外连接，OUTER 可省略。

2. 右外连接

右外连接是在查询结果集中显示右边表中所有记录，以及显示左边表中符合条件的记录。

【例 5-28】　用右外连接方式查询不及格学生的学号、姓名、课程号和成绩信息。查询结果如图 5-33 所示。

图 5-32　左外连接的查询结果

图 5-33　右外连接的查询结果

语句中的"RIGHT OUTER JOIN"表示该连接属于右外连接，OUTER 可省略。

 请思考：

对于 XSCJ 库来说，为什么右外连接的查询结果（见图 5-33）与内连接的查询结果（见图 5-31）一样？

3. 全外连接

全外连接是在查询结果集中显示所有表中的记录，包括符合条件和不符合条件的记录。

【例 5-29】　用全外连接方式查询学号、姓名、课程号、成绩。查询结果如图 5-34 所示。

语句中的"FULL OUTER JOIN"表示该连接属于全外连接，OUTER 可省略。

任务 5.4.3　应用自连接

自连接就是使用内连接或外连接把一个表中的行同该表中另外一些行连接起来，它主要用于查询或比较相同的信息。为了连接同一个表，必须为该表在 FROM 子句中指定两个别名，这样才能在逻辑上把该表作为两个不同的表使用。

【例 5-30】　在学生表中，查找同名同姓的学生信息。查询结果如图 5-35 所示。

图 5-34　全外连接的查询结果　　　　图 5-35　自连接的查询结果

自连接采用 ANSI 连接语法形式如下。

```
SELECT A.姓名，  A.学号，  A.所属院系，  B.学号，  B.所属院系
FROM XSB A join XSB B ON A.学号<>B.学号
WHERE A.姓名=B.姓名
```

项目 5.5　使用子查询

任务 5.5.1　认识子查询

1．子查询的含义

子查询是指在一个 SELECT 语句中再包含另一个 SELECT 语句，外层的 SELECT 语句称为外部查询，内层的 SELECT 语句称为内部查询或子查询。

多数情况下，子查询出现在外部查询的 WHERE 子句中，并与比较运算符、列表运算符 IN、存在运算符 EXISTS 等一起构成查询条件，完成有关操作。

2．子查询的类型

根据内外查询的依赖关系，可以将子查询分为两类：相关子查询和嵌套子查询。

（1）相关子查询

如果内部查询的执行依赖于外部查询，则这种查询称为相关子查询。相关子查询的工作方式是：首先，外部查询将值传递给子查询后执行子查询；然后，根据子查询的执行结果判断外部查询的条件是否满足要求，若条件值为 TRUE 则显示结果行，否则不显示；接着外部查询再将下一个值传递给子查询，重复上面的步骤直到外部查询处理完外表中的每一行。

（2）嵌套子查询

如果内部查询的执行不依赖于外部查询，则这种查询称为嵌套子查询。嵌套子查询的工作方式是：首先，执行子查询，将子查询得到的结果集（不被显示出来）传递给外部查询，并作

为外部查询的条件来使用；然后，执行外部查询，如果外部查询的条件成立，则显示查询结果，否则不显示。

不管是相关子查询还是嵌套子查询，其外部查询用于显示查询结果集，而内部查询的结果只能用来作为外部查询条件的组成部分。

 使用子查询时要注意以下几点。

　　✪ 子查询需用圆括号（）括起来。

　　✪ 子查询内还可以再嵌套子查询。

　　✪ 子查询的 SELECT 语句中不能使用 image、text 或 ntext 数据类型。

　　✪ 子查询返回结果值的数据类型必须匹配新增列或 WHERE 子句中的数据类型。

　　✪ 子查询中不能使用 INTO 子句。

任务 5.5.2　使用比较运算符进行子查询

如果子查询结果返回的是单列单个值，可以通过比较运算符（如<、<=、>、>=、=、<>、!=、!>、!<）进行比较，如果比较结果为真，则显示外部查询的结果，否则不显示。

【例 5-31】　查询平均分低于 60 分的学生学号和姓名。查询结果如图 5-36 所示。

在本例中，该子查询属于相关子查询，每执行一次子查询，只返回单列单个值（即每次返回一个学生的平均成绩）。

任务 5.5.3　使用 ANY 运算符进行子查询

如果子查询结果返回的是单列多个值，必须将比较运算符与 ALL、ANY 配合使用才能进行比较，如果比较结果为真，则显示外部查询的结果，否则不显示。

ANY 表示在进行比较运算时，只要子查询中有一行数据能使结果为真，则 WHERE 子句的条件为真。例如：表达式 "<ANY（7,8,9）" 与 "<9" 等价。表达式 ">ANY（7,8,9）" 与 ">7" 等价。

【例 5-32】　查询不及格学生的授课教师和课程名。查询结果如图 5-37 所示。

在本例中，该子查询属于嵌套子查询，执行后，返回多个成绩不及格的课程号，只要这些课程号中有一个值使结果为真（即与 KCB 表中的课程号相同），则 WHERE 子句的条件为真。

图 5-36　使用比较运算符进行子查询　　　　图 5-37　使用 ANY 进行子查询

任务 5.5.4　使用 ALL 运算符进行子查询

ALL 表示在进行比较运算时，要求子查询中的所有行数据都使结果为真，则 WHERE 子句的条件才为真,例如:表达式"<= ALL(7,8,9)"与"<=7"等价,表达式">= ALL(7,8,9)"与"">=9"等价。

【例 5-33】 查询每门课程的最低分。查询结果如图 5-38 所示。

在本例中,该子查询属于相关子查询,每执行一次子查询,就会返回某门课程的多个成绩值,用"<=ALL"比较,就可以得到最低分。本例还可以使用下面的代码来完成。

```
SELECT  *  FROM  CJB  A
WHERE  成绩=  (SELECT  MIN(成绩)  FROM  CJB  B  WHERE  B.课程号=A.课程号)
```

任务 5.5.5　使用 IN 关键字进行子查询

如果子查询返回的是单列多个值,还可以使用 IN 运算符进行比较,如果比较结果为真,则显示外部查询的结果,否则不显示。NOT IN 的作用与 IN 的刚好相反。

【例 5-34】 查询不及格的学生名单。查询结果如图 5-39 所示。

图 5-38　使用 ALL 进行子查询　　　　　　图 5-39　使用 IN 进行子查询

 提示:例 5-32 中的"=ANY"和例 5-34 中的 IN 运算符的作用相同,因此可以互相替换。

任务 5.5.6　使用 EXISTS 关键字进行子查询

EXISTS 关键字的作用是用来检查在子查询中是否有结果返回,如果有结果返回则 WHERE 子句的条件为真,否则为假。NOT EXISTS 的作用与 EXISTS 刚好相反。

【例 5-35】 查询不及格的学生信息。查询结果如图 5-40 所示。

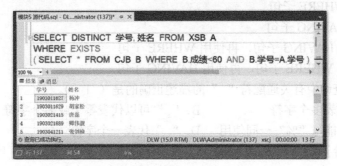

图 5-40　使用 EXISTS 进行子查询

在本例中,由于不需要用到子查询返回的具体值,所以子查询的选择列常用"SELECT *"的格式。

【课堂实践 6】

1. 查询最高分在 80 分以上的学号、姓名及所属院系。
2. 查询至少有两门课程的成绩在 80 分以上的学生基本信息。

【课后练习】

一、填空题

1. 用_____子句可以实现选择列的运算。
2. 用_____子句可以实现选择行的运算。
3. 在进行多表查询时，必须设置_____条件。
4. GROUP BY 子句实现的是_____。
5. ORDER BY 子句实现的是_____。
6. SQL Server 2019 采用的结构化查询语言称为_____。
7. 在 SELECT 语句查询中，要去掉查询结果中的重复记录，应该使用_____关键字。
8. 使用 SELECT 语句进行分组查询时，如果希望去掉不满足条件的分组，应当使用_____子句。
9. 如果列的取值范围是个连续的区间，可以使用_____关键字来设置查询条件。
10. 要进行模糊匹配查询，需要使用_____关键字来设置查询条件。
11. 连接查询的语法形式有两种：_____和_____。
12. 如果子查询返回的是一个单值，则需要与_____运算符配合才能构成查询条件。
13. 如果子查询返回的是单列多个值，则需要与_____、_____或_____关键字配合构成查询条件。

二、选择题

1. 在分组查询中，要去掉不满足条件的记录和不满足条件的分组，应当（　　　）。
   A. 使用 WHERE 子句
   B. 使用 HAVING 子句
   C. 先使用 HAVING 子句，再使用 WHERE 子句
   D. 先使用 WHERE 子句，再使用 HAVING 子句
2. 部分匹配查询中有关通配符"_"的描述正确的是（　　　）。
   A."_"代表多个字符　　　　　　B."_"可以代表零个或多个字符
   C."_"不能与"%"一同使用　　D."_"代表一个字符
3. 条件"年龄 BETWEEN 20 AND 35"表示年龄在 20 至 35 岁之间，且（　　　）。
   A. 包括 20 岁和 35 岁　　　　　B. 不包括 20 岁和 35 岁
   C. 包括 20 岁但不包括 35 岁　　D. 包括 35 岁但不包括 20 岁

三、判断题

1. AND 和"BETWEEN…AND"都能设置取值范围是连续区间的逻辑条件。　　（　　）

2．HAVING 子句和 WHERE 子句的作用形同。   （   ）

3．在进行连接查询时，内连接只把满足条件的记录连接并显示出来。   （   ）

4．在进行连接查询时，外连接只把不满足条件的记录显示出来。   （   ）

5．表达式"$>= ANY(3,5,7)$"与"$>=7$"等价。   （   ）

6．表达式"$>=ALL(2,4,6)$"与"$>=2$"等价。   （   ）

7．子查询内不能再嵌套子查询。   （   ）

四、计算题

已知有如下所示的四个关系表 R、S、M、N。

	R	
A	B	C
1	2	3
4	5	6
7	8	9

S	
D	E
3	1
6	2

	M	
C	D	E
3	5	8
9	8	0
3	6	9
6	7	8

	N	
B	C	D
2	3	9
5	6	0
2	7	3

（1）写出 R 与 S 在 B<D 且 A≥E 的条件下进行条件连接的结果。

（2）写出 R 与 N 在 R.B=N.B 且 R.C=N.C 的条件下进行条件连接的结果。

（3）写出 R、N 进行自然连接的结果。

（4）写出 R、M、N 进行自然连接的结果。

（5）写出 R 与 N 进行全外连接、左外连接、右外连接的结果。

【课外实践】

实践任务 1   完成基本查询

要求：

（1）在 KCB 表中，查询第 2 学期开课的课程、授课教师。

（2）在 XSB 表中，查询数字媒体学院女同学的信息。

（3）在 CJB 表中，查询成绩在 90 分以上的学号、课程号和成绩。

（4）在 CJB 表中，查询在 90 分以上和不及格学生的信息。

（5）在 XSB 表中，查询不在 2001 年 11、12 月份和 2001 年 1、2 月份出生的学生信息。

（6）在 XSB 表中，查询陈姓且单名的学生信息。

（7）在 XSB 表中，查询学号中含有 8 的记录信息。

（8）在 XSB 表中，查询电话号码第 3 位为 6 和 9 的记录信息。

（9）在 KCB 表中，查询第 1、3 和 5 学期开设的课程信息。

（10）查询 XSB 表，输出学号、姓名、出生日期，并使查询结果按出生日期的升序排列。

实践任务 2　完成汇总查询

要求：

（1）在 KCB 表中，统计每学期的总学分。

（2）在 CJB 表中，统计每个学生选修的课程门数。

（3）将 CJB 表中的数据记录按学号分类汇总，输出学号和平均分。

（4）在 CJB 表中，查询平均分大于 70 且小于 80 的学生学号和平均分。

（5）查询 CJB 表，输出学号、课程号、成绩，使查询结果先按照课程号的升序排列，当课程号相同时再按照成绩的降序排列，并将查询结果保存到新表 TEMP_KCB 中。

（6）在 CJB 表中，查询选修了"1001"课程的学生的最高分和最低分。

（7）在 KCB 表中，统计每个学期所开设的课程门数。

（8）在 XSB 表中，查询各院系的学生人数。

实践任务 3　使用连接方式完成查询

要求：

（1）查询不及格学生的学号、课程名、授课教师和开课学期的信息。

（2）查询选修了"楼宇自控技术"课程的学生学号、姓名、课程号、课程名和成绩。

实践任务 4　使用子查询方式完成查询

要求：

（1）查询"4001"课程号不及格的学生学号、姓名和所属院系。

（2）查询恰好有两门课程不及格的学生信息。

（3）查询每门课程的最高分的学生记录。

（4）查询每个学生的最低分课程的记录。

（5）查询每门课程的选修人数（提示：使用新增列完成）。

创建与管理视图和索引

【项目内容】

📖 创建和管理视图

📚 创建和管理索引

【导航引领】

用优化式创新思维方式学习如何根据数据库应用系统的功能需求创建与管理视图；如何创建索引以提高数据查询效率；精准分析需求，力求以新的方法、路径解决用户问题。

【知识目标】
● 了解视图的含义和优点
● 掌握创建、修改、删除视图的方法
● 掌握使用视图管理数据的方法
● 了解索引的作用、结构和类型
● 了解显示查询计划的方法

【能力目标】
● 会创建、修改、删除视图，使用视图管理数据
● 会创建、修改、查看和删除索引
● 会显示查询计划

项目 6.1 创建和管理视图

任务 6.1.1 认识视图

1. 视图的含义

视图是以表为基础，通过 SELECT 语句定义所形成的一个虚拟表，它是用户查看数据库中数据的一种方式。同表一样，视图包含一系列带有名称的列数据和行数据，这些行和列的数据来自被查询的表。在视图中被查询的表称为视图的基表。

11
创建视图

视图既可以看作一个虚拟表，也可以看作是一个查询的结果。视图所对应的数据并不实际地以视图结构存储在数据库中，而是存储在视图所引用的表中。

视图具有如下特点：视图的建立和删除不会影响基表；通过视图对数据进行的插入、删除和更新操作会影响基表；当视图来自多个基表时，不允许插入或删除数据行。若基表的数据发

生变化，会自动地反映到视图中。

2. 视图的作用

视图通常用来集中、简化和自定义每个用户对数据库的不同认识。因此，视图具有以下方面的作用。

1）聚焦特定数据。允许用户通过视图访问数据，但不授予用户直接访问基表的权限，以此提高数据的安全性。

2）定制用户数据。对不同级别的用户，创建不同的视图，用户只能查看和操作与自己相关的数据。

3）合并分离数据。视图不仅可以显示来自基表的部分行数据、显示来自基表的部分列数据、显示来自多个表的部分数据，还可以显示来自基表的汇总统计数据，但原数据库的结构保持不变。

4）简化用户操作。通过视图用户不必书写复杂的查询语句就可对数据进行查询，如图 6-1 所示。

图 6-1　视图可简化用户的操作（示意图）

3. 创建视图的方法

用户创建的视图可以基于表，也可以基于其他的视图。在 SQL Server 中，只能在当前数据库中创建视图，但是被新创建的视图所引用的表或视图可以在不同的数据库中。创建视图与创建数据表一样，可以使用两种方法：一是在对象资源管理器中通过图形化的工具创建，二是通过 T-SQL 语句来创建。

任务 6.1.2　使用对象资源管理器创建视图

【例 6-1】 在 XSCJ 数据库的"XSB"表上，创建一个名为"V_学生信息"的视图，该视图用于显示人工智能与大数据学院女生或智能制造与汽车学院女生的"学号""姓名""性别""所属院系""专业名称"，要求视图中的列名显示为"学生学号""学生姓名""性别""二级学院""专业"。

其操作步骤如下。

1）在"对象资源管理器"窗口依次展开"XSCJ"数据库中的"XSB"表，定位到"视图"节点。

2）右击"视图"节点，在弹出的快捷菜单中选择"新建视图"命令，出现如图 6-2 所示的对话框。

3）选择要定义视图的基表"XSB"，单击"添加"按钮，然后再单击"关闭"按钮，出现如图 6-3 所示的窗口。

图 6-2　"添加表"对话框

图 6-3　视图设计窗口

4）在"数据源关系图"窗格中，勾选 XSB 表的"学号""姓名""性别""所属院系""专业名称"字段后，会逐一显示在"数据源列表"窗格中。

5）在"数据源列表"窗格中，如图 6-4 所示，先设置视图的别名；然后再在"筛选器"列中的对应行设置查询条件"=人工智能与大数据学院"和"=0"，这两个条件之间是"与"（AND）的关系；在"或…"列中的对应行设置查询条件"=智能制造与汽车学院"和"=0"，这两个条件之间也是"与"（AND）的关系；"筛选器"列和"或…"列之间是"或"（OR）的关系。

图 6-4　定义"V_学生信息"视图

6）设置完成后，在"T-SQL 查询命令"窗格中会显示 SELECT 语句，也就是视图所要存储的查询语句。

7）右击窗口任意空白处，在弹出的快捷菜单中选择"执行 SQL"命令，SELECT 语句的执行结果会在"查询结果"窗格中显示，如图 6-4 所示。

8）单击工具栏中的"保存"按钮，在弹出的对话框中输入视图名称，再单击"确定"按钮即完成创建视图的操作。

提示：由于视图在使用方式上与表没有什么区别，因此为了区分视图和表，通常在命名视图时加前缀 V_ 或 VIEW_。

任务 6.1.3 认识 CREATE VIEW 语句

CREATE VIEW 语句用于创建视图，其基本语法形式如下。

```
CREATE VIEW 视图名 [(列名1,列名2[,…n])]
[WITH  ENCRYPTION]
AS
  SELECT 语句
  [WITH CHECK OPTION]
```

其中，各参数含义如下。

1）列名：用于指定新建视图中要包含的列名。该列名可省略，如果未指定列名，则视图的列名与 SELECT 语句中的列具有相同的名称。但在下列情况下需要明确指定视图中的列名。

- 列是从算术表达式、函数或常量派生的。
- 在多表连接中有几个同名的列作为视图的列。
- 需要在视图中为某个列使用新的名字。

2）WITH ENCRYPTION：对视图的定义进行加密，保证视图的定义不被非法获得。

3）SELECT 语句：用于定义视图的语句，以便从源表或另一视图中选择列和行构成新视图的列和行。但是在 SELECT 语句中，不能使用 INTO 关键字，不能使用临时表或表变量。另外，使用 ORDER BY 子句时，必须保证 SELECT 语句中的选择列表中有 TOP 子句。

4）WITH CHECK OPTION：表示在对视图进行 INSERT、UPDATE 和 DELETE 操作时要保证插入、更新或删除的行满足视图定义中设置的条件。

任务 6.1.4 使用 CREATE VIEW 语句创建视图

【例 6-2】 创建一个名为"V_不及格学生信息"的视图，该视图包含所有有不及格记录的学生的学号、姓名和原始成绩。执行结果如图 6-5 所示。

```
USE  XSCJ
GO
CREATE  VIEW  V_不及格学生信息(学号,姓名,原始成绩)    --定义视图名及视图包含的列名
AS
  SELECT DISTINCT  XSB.学号,姓名,成绩  FROM  XSB, CJB --定义视图的查询功能
    WHERE  XSB.学号=CJB.学号  AND  CJB.成绩<60
GO
SELECT  *  FROM  V_不及格学生信息                    --通过视图查询基表中的数据
```

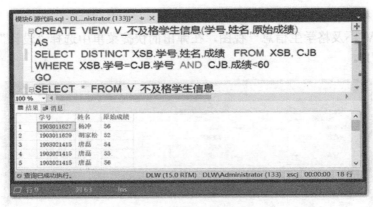

图 6-5 创建并查看视图

【课堂实践 1】

1）创建一个名为 "V_平均成绩" 的视图，用于分组汇总查询每个学生的平均成绩，将视图的列名分别改为 "学生学号" "个人平均分"，并加密视图的定义。

2）创建一个名为 "V_获奖名单" 的视图，用于查询电子与物联网学院获得过奖励的学生的学号、姓名、所属院系、备注、课程名、成绩等信息。

任务 6.1.5 使用系统存储过程查看视图定义的文本

创建视图后，在实际工作中，可能需要查看视图定义，以了解数据从源表中的提取方式。如果想要查看有关视图的定义文本，可以使用 sp_helptext 系统存储过程。

查看 XSCJ 数据库中的 "V_不及格学生信息" 视图的定义，如图 6-6 所示。

图 6-6 查看视图定义的文本

任务 6.1.6 使用对象资源管理器修改视图

【例 6-3】 修改 "V_不及格学生信息" 视图，要求在视图中增加 "课程名" 的信息。其操作步骤如下。

1）在 "对象资源管理器" 中依次展开 "XSCJ" 数据库下的 "视图" 节点，定位到 "V_不及格学生信息"视图节点。

2）右击"V_不及格学生信息"视图，在弹出的快捷菜单中选择"设计"命令，出现如图 6-7 所示的窗口。

图 6-7　修改"V_不及格学生信息"视图

3）右击"数据源关系图"窗格，在弹出的快捷菜单中选择"添加表"命令，从出现的"添加表"对话框中选择"KCB"表，单击"添加"按钮，再单击"关闭"按钮。

4）在"数据源关系图"窗格中，勾选"KCB"表中的"课程名"，如图 6-8 所示。

5）单击工具栏中的"保存"按钮即可完成视图的修改。

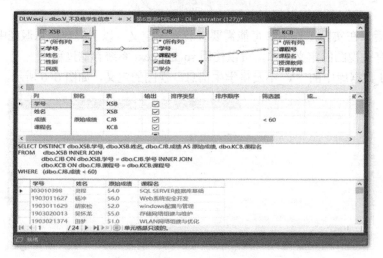

图 6-8　修改完成的"V_不及格学生信息"视图

任务 6.1.7　使用 ALTER VIEW 语句修改视图

用户可以使用 ALTER VIEW 语句对视图进行修改，其语法格式如下。

```
ALTER  VIEW  视图名 [(列名1,列名2[,…n])]
[WITH  ENCRYPTION]
```

```
AS
SELECT 语句
[WITH CHECK OPTION]
```

其中，各参数含义与创建视图的 CREATE VIEW 语句的参数相同，在此不再重复。

【例 6-4】　修改"V_学生信息"视图，使该视图用于查询女生的获奖情况，并强制检查指定条件。执行结果如图 6-9 所示。

图 6-9　查询视图修改后的结果

 提示：如果在创建视图时使用了 WITH ENCRYPTION 或 WITH CHECK OPTION 子句，且要保留选项提供的功能，则必须在 ALTER VIEW 语句中包含它，否则这些选项不再起作用。

任务 6.1.8　通过视图管理表数据

通过视图不仅可以查询数据表中的数据，还可以管理表中的数据。一是可以在对象资源管理器中打开视图对象，直接在视图中对数据进行添加、更新和删除，其操作方法与管理数据表的方式一样；二是可以使用 INSERT、UPDATE 和 DELETE 语句通过视图对基表进行添加、更新和删除操作。但与表相比，通过视图添加、更新和删除数据有一些限制，使用视图对数据表的记录进行操作时，所创建的视图必须满足以下条件。

- ✪ 视图的字段中不能包含通过计算得到值的列、有内置函数的列等。
- ✪ 创建视图的 SELECT 语句不能使用 GROUP BY、UNION、DISTINCT 或 TOP 子句。
- ✪ 当视图依赖多个数据表时，可以修改由多个基表得到的视图，但每一次修改的数据只能影响一个基表。
- ✪ 不能删除依赖多个数据表的视图。

【例 6-5】　通过"V_学生信息"视图添加一条记录。执行结果如图 6-10 所示。

图 6-10　通过视图向表中添加数据

请思考：

如图 6-11 所示的插入语句为什么添加数据失败？

图 6-11　添加数据失败示例

因为"V_学生信息"视图中的"WITH CHECK OPTION"选项会检查插入的数据是不是满足视图中设置的条件，即性别字段是否为 0？备注字段是否为非空？所以，图 6-11 所示的插入数据不符合条件。

 注意：1）通过视图向基表中插入的数据实际上存放在基表中，而不是存放在视图中。

　　　　2）如果视图引用了多个表，使用"INSERT"语句插入的列必须属于同一个表。

　　　　3）若创建视图时定义了"WITH CHECK OPTION"选项，则使用视图向基表中插入数据时，必须保证插入后的数据满足定义视图的限制条件。

【例 6-6】　将"V_学生信息"视图中的"张婧"改为"张婧婧"。执行结果如图 6-12 所示。

图 6-12　通过视图修改表数据

【例 6-7】　通过"V_学生信息"视图删除姓名为"张婧婧"的记录。

```
DELETE  FROM  V_学生信息
    WHERE  姓名='张婧婧'
```

由于通过视图操作数据表的限制较多，在实际应用中可以单独创建用于查看数据的视图，需要时再单独创建符合更新条件、用于输入和更新数据表的视图。

任务 6.1.9　删除视图

在创建视图后，如果不再需要该视图，或需要清除视图定义及与之相关联的权限，可以删除该视图。删除视图后，表和视图所基于的数据并不受影响。

从当前数据库中删除一个或多个视图的语法如下。

```
DROP  VIEW  视图名  [ ,…n ]
```

项目 6.2　创建和管理索引

用户对数据库最频繁的操作是进行数据查询。一般情况下，数据库在进行查询操作时需要对整个表进行数据检索。当表中的数据很多时，检索数据就需要很长的时间，这就造成了服务器的资源浪费。为了提高检索数据的能力，数据库引入了索引机制。

任务 6.2.1　认识索引

12
创建索引

1. 索引的含义

索引是对数据库表中一个或多个列的值进行排序的结构，它由该表的一列或多个列的值及指向这些列值对应记录存储位置的指针所组成，是影响数据库性能的一个重要因素，由数据库进行管理和维护。索引是依赖于表建立的，它提供了数据库中编排表中数据的内部方法。一个表的存储由两部分组成，一部分用来存放表的数据页面，另一部分用于存放索引页面。索引就存放在索引页面上，通常，索引页面相对于数据页面来说小得多。当进行数据检索时，系统会先搜索索引页面，从中找到所需数据的指针，再直接通过指针从数据页面中读取数据。数据库使用索引的方式与书的目录很相似，它是表中数据和相应存储位置的列表，是一种树状结构，目的是用来加快访问数据表中的特定信息。

2. 索引的利弊

索引的建立有利也有弊，建立索引可以提高查询速度，但过多地建立索引会占据很多的磁盘空间。所以在建立索引时，数据库管理员必须权衡利弊，考虑让索引带来的有利效果大于带来的不利因素。通常情况下，对于经常被查询的列、在 ORDER BY 子句中使用的列、主键或外键列等可以建立索引，而对于那些在查询中很少被引用的列则不适合建立索引，特别是当 UPDATE 的性能需求远大于 SELECT 的性能需求时不应该创建索引。

3. 索引的结构

SQL Server 的索引是以 B-tree（Balanced Tree，平衡树）结构来维护的。B-tree 是一个多层次、自维护的结构。一个 B-tree 包括一个根节点（Root Node），零个到多个中间节点（Intermediate Node）和最底层的叶子节点（Leaf Node），如 6-13 所示。

图 6-13　B-tree 结构图

在图 6-13 中，假设每个方框里放置的都是记录的编号，现在要查找编号为 298 的记录，那么就要从索引的根节点开始向下查找，假设这个 B-tree 一共有 10 层，那么最多只需查找 10 次就可以找到该记录。由此可以看出，索引的层次越多，读取记录所要访问的索引次数就越多，数据查询能力就越差。

4. 索引的分类

在 SQL Server 中，索引可以分为聚集索引、非聚集索引、唯一索引、复合索引、包含性列索引、视图索引、全文索引和 XML 索引。

（1）聚集索引与非聚集索引

如果将索引简单地分类，可以将其分为聚集索引（Clustered）和非聚集索引（Non-Clustered）两种。聚集索引是基于记录内容在数据表内的排序和存储。在设置聚集索引时，数据表中的数据也会按照索引的顺序来存放。例如在一个数据表中，将"学号"字段设置为聚集索引，此时在该数据表里的数据将会按"学号"字段的内容来自动排序与存储。假设要插入一条学号为"19030101230"的记录，那么数据库会将该记录放在学号为"19030101231"的前面。

非聚集索引与聚集索引的最大区别是，不会为数据表里的数据进行物理上的排序，只是将索引建立在索引页上，在查询数据时一样可以从索引中找到记录存放的位置。就像在上例中，如果将"学号"字段设置为非聚集索引，那么在插入学号为"19030101230"的记录时，即使数据表中有一条学号为"19030101231"的记录，数据库也会将新插入的记录放在所有记录的最后。

由于聚集索引会影响数据的实际物理排序，所以在一个数据表中，只能有一个聚集索引，因为数据的物理排序只能有一种方式。而非聚集索引不会影响数据的实际物理排序，所以在一个数据表中可以设置多个非聚集索引。

（2）唯一索引

唯一索引（Unique Index）能确保索引无重复。换句话来说，如果一个字段设置了唯一索引，那么这个字段里的内容就是唯一的，不同记录中同一个字段的内容不能相同。无论是聚集索引还是非聚集索引，都可以将其设为唯一索引。唯一索引通常建立在主键字段上。当在数据表中创建了主键之后，数据库会自动为该主键创建唯一索引。

（3）复合索引与包含性列索引

在创建索引时，并不是只能对其中一个字段创建索引，就像创建主键一样，可以将多个字段组合起来作为索引，这种索引称为复合索引（Composite Index）。在创建索引时，对创建的索引有大小限制，最多的字段数不能超过 16 个，所有字段的大小之和不能超过 900 字节。在 SQL Server 2019 中，可以用包含性列索引来解决这个问题。包含性列索引，是在创建索引时，将其他非索引字段包含到这个索引中，并起到索引的作用。

（4）视图索引

视图是一个虚拟的数据表，可以像真实的数据表一样使用。视图本身并不存储数据，数据都存储在视图所引用的数据表中。但是，如果为视图创建索引，将会具体化视图，并将结果集永久存储在视图中，其存储方法与其他带聚集索引的数据表的存储方法完全相同。在创建视图的聚集索引后，还可以为视图添加非聚集索引。

（5）全文索引

全文索引是一种特殊类型的基于标记的功能性索引，由 SQL Server 中的全文引擎服务来创建和维护。全文索引主要用于在大量文本文字中搜索字符串，此时使用全文索引的效率比使用

T-SQL 中的 LIKE 语句的效率要高得多。全文索引的创建过程在本章的后面将会对其专门进行讲解。

（6）XML 索引

XML 字段是从 SQL Server 2008 起才有的字段，XML 实例作为二进制大型对象（BLOB）存储在 XML 字段中，这些 XML 实例的最大数据量可以达到 2GB。如果在没有索引的 XML 字段里查询数据，将会是个很耗时的操作。在 XML 字段上创建的索引就是 XML 索引。

任务 6.2.2　使用对象资源管理器创建索引

在 SQL Server 中，有两种情况是由系统自动创建索引：一种是设置了主键约束的列上系统会自动创建一个唯一聚集索引，另一种是设置了唯一约束的列上系统会自动创建一个唯一非聚集索引，除此以外就只能手动创建索引了。

【例 6-8】　已知 XSB 表中的"学号"列已被设置为主键，请在"姓名"和"所属院系"两列上创建名为"ix_name_xi"的索引，按姓名降序排列。

分析：根据题意，XSB 表上已将"学号"设置为主键，即系统自动创建了一个唯一聚集索引，另外，由于在同一个院系可能存在同名的情况，所以，本题要创建的索引只能是一个非唯一的非聚集的索引。

其操作步骤如下。

1）在"对象资源管理器"窗口依次展开"XSCJ"数据库中的"XSB"表，定位到"索引"节点。

2）右击"索引"节点，在弹出的快捷菜单中选择"新建索引"→"非聚集索引"命令，出现如图 6-14 所示的对话框。

3）在对话框的"索引名称"框中输入"ix_name_xi"。

图 6-14　"新建索引"对话框

4）单击"添加"按钮，在打开的对话框中勾选"索引键列"，如图 6-15 所示。

5）单击"确定"按钮，返回"新建索引"对话框，在"索引键列"列表中，设置"姓名"的排序顺序为"降序"，如图 6-16 所示。

图 6-15　选择列　　　　　　　　　　　图 6-16　设定索引键列的属性

6）单击"确定"按钮，创建索引完成。

另外，用户还可以通过选择对话框左列的"选项"来设置索引的参数，通过"包含行列"选项来为索引添加非键值辅助列，通过"存储"选项来选择索引存储文件组等参数。

任务 6.2.3　认识 CREATE INDEX 语句

使用 CREATE INDEX 语句可以创建出符合自己需要的索引。使用这种方法，通过选项可以指定索引类型、唯一性、包含性和复合性。可以创建聚集索引和非聚集索引，既可以在一个列上创建索引，也可以在两个或两个以上的列上创建索引。

CREATE INDEX 语句的基本语法形式如下。

```
CREATE [UNIQUE] [CLUSTERED | NONCLUSTERED]  INDEX  索引名
ON {表名  | 视图名} (列名 [ASC | DESC] [,...n])
[WITH  <索引选项> [,...n]]
[ON  文件组名]
```

其中，**<索引选项>**为以下属性的组合。

```
{ PAD_INDEX= {ON|OFF}
| FILLFACTOR=填充因子
| SORT_IN_TEMPDB
| IGNORE_DUP_KEY
| STATISTICS_NORECOMPUTE
| DROP_EXISTING
}
```

以上各参数的说明如下。

1）UNIQUE：用于创建唯一索引，此时 SQL Server 不允许数据行中出现重复的索引值。

2）CLUSTERED：用于创建聚集索引。创建聚集索引时，表中数据行会按照聚集索引指定的物理顺序进行重排，因此最好在创建表时创建聚集索引。如果在 CREATE INDEX 语句中没有指定 CLUSTERED 选项，则默认使用 NONCLUSTERED 选项，创建一个非聚集索引。

3）NONCLUSTERED：用于创建一个非聚集索引。

4）FILLFACTOR：用于用户指定填充因子，可以设置为从 0 到 100。

5）PAD_INDEX：用于指定索引填充。PAD_INDEX 选项只有在指定了 FILLFACTOR 时才有用，因为 PAD_INDEX 使用由 FILLFACTOR 所指定的百分比。

6）SORT_IN_TEMPDB：指定是否在 Tempdb 数据库中存储临时排序的结果。

7）IGNORE_DUP_KEY：用于指定在唯一索引中出现重复键值时的错误响应方式，也就是"忽略重复的值"的设置。当执行创建重复键的 INSERT 语句时，如果没有为索引指定 IGNORE_DUP_KEY 选项，SQL Server 会发出一条警告消息，并回滚整个 INSERT 语句；而如果为索引指定了 IGNORE_DUP_KEY 选项，则 SQL Server 将会只发出警告消息而忽略重复的行。

8）STATISTICS_NORECOMPUTE：设置是否自动重新计算统计信息。

9）DROP_EXISTING：用于在创建索引时删除并重建指定的已存在的索引，如果指定的索引不存在，系统会给出警告消息。

任务 6.2.4 使用 CREATE INDEX 语句创建索引

【例 6-9】 在 XSB 表的 "姓名" 列上创建一个非聚集索引，索引名为 "IX_XSB_ XM"，并降序排列。

```
USE XSCJ
CREATE  INDEX  IX_XSB_XM
ON  XSB(姓名 DESC)
```

【例 6-10】 为 CJB 表创建非聚集索引 IX_CJB_学号_课程号，该索引包括学号和课程号两个索引列，均按升序排列。

```
USE XSCJ
CREATE  INDEX  IX_CJB_学号_课程号
ON CJB (学号，课程号)
```

 说明：由于在创建索引时，默认情况下创建的都是非聚集索引，所以 NONCLUSTERED 可以省略不写。

【例 6-11】 对例 6-10 做一点修改，使该索引变为唯一性的非聚集索引。由于索引已经存在，首先使用 DROP_EXISTING 选项删除同名的原索引，然后创建新索引。

```
USE XSCJ
CREATE  UNIQUE  INDEX  IX_CJB_学号_课程号
ON CJB (学号，课程号)
WITH  DROP_EXISTING                          --删除同名的原索引，重建新索引
```

请思考：
能不能将该索引改为唯一性的聚集索引？

【例 6-12】 创建复杂的索引。为 "CJB" 表创建一个唯一索引，索引字段为 "课程号" "学号"，其中 "课程号" 为降序排列，该索引的包含性列里面包含 "成绩" "学分" 两个字段。指定索引填充，索引的填充因子为 70，并允许在 Tempdb 数据库中存储临时排序的信息，可以忽略索引的重复键值，运行自动重新计算统计信息。

```
USE XSCJ
CREATE  UNIQUE  INDEX IX_CJB_1
ON CJB(课程号 DESC，学号)
INCLUDE(成绩，学分)                    --包含性列
WITH
(  PAD_INDEX=ON,                       --指定索引填充
   FILLFACTOR=70,                      --指定填充因子
   SORT_IN_TEMPDB=ON,                  --在 Tempdb 数据库中存储临时排序的结果
   IGNORE_DUP_KEY=ON,                  --忽略重复的键值
   STATISTICS_NORECOMPUTE=OFF  )       --自动重新计算统计信息
```

任务 6.2.5 查看索引信息

查看索引信息的两种方法如下。

一是利用"对象资源管理器"查看索引信息。在该窗口依次展开"XSCJ"数据库中的"XSB"表，定位到"索引"节点，右击要查看的索引，选择"属性"命令，即可查看索引信息。

二是使用系统存储过程 sp_helpindex 查看索引信息。其语法格式如下。

```
[EXEC]   sp_helpindex   表名 | 视图名
```

使用系统存储过程查看成绩表 CJB 的索引信息如图 6-17 所示。结果集中包括 3 列：index_name 表示索引的名称；index_description 为索引说明；index_keys 列出了索引列。

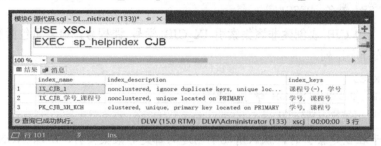

图 6-17　使用系统存储过程查看索引信息

【课堂实践 2】

在"XSCJ"数据库的"KCB"表中创建一个非聚集复合索引"IX_KCB_课程名_授课教师"，索引关键字为"课程名""授课教师"，升序排列，填充因子为 50%。创建后，用命令方式查看该表中的索引信息。

任务 6.2.6　修改索引

当数据更改后，要重新生成索引、重新组织索引或禁止索引。重新生成索引表示删除索引且重新生成，这样可以根据指定的填充因子压缩页来删除碎片、回收磁盘空间、重新排序索引。重新组织索引对索引碎片的整理程序要低于重新生成索引。禁止索引则表示禁止用户访问索引。

【例 6-13】　在对象资源管理器中修改例 6-8 中创建的"ix_name_xi"索引，使索引页填满60%后就换新页进行填充。

其操作步骤如下。

1）在"对象资源管理器"中依次展开"XSCJ"数据库的"XSB"表中的"索引"节点，定位到"ix_name_xi"索引节点。

2）右击该索引节点，在弹出的快捷菜单中选择"属性"命令，在出现的对话框中选择"选择页"列表框中的"选项"命令，按图 6-18 所示设置填充因子为"60"。

3）单击"确定"按钮后，出现如图 6-19 所示的对话框，提示需要重新生成索引，再次单击"确定"按钮，完成修改操作。

修改索引还可以使用 ALTER INDEX 语句，其语法格式如下。

```
ALTER INDEX  索引名  ON  表名 | 视图名 { REBUILD | REORGANIZE | DISABLE }
```

图 6-18 修改索引

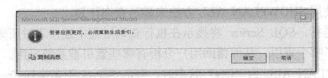

图 6-19 提示重新生成索引

其中，REBUILD 表示重新生成索引；REORGANIZE 表示重新组织索引；DISABLE 表示禁用索引。

任务 6.2.7 删除索引

当不再需要某个索引时，可以将它从数据库中删除，删除索引可以收回索引所占用的存储空间，供其他数据库对象使用。删除索引的两种方法如下。

一是使用"对象资源管理器"删除索引。右击要删除的索引，选择"删除"命令，在出现的对话框中，单击"确定"按钮即可删除索引。

二是使用 DROP INDEX 语句删除索引。如果要删除 CJB 表中的索引，在查询窗口中输入"DROP INDEX XSB.IX_CJB_学号_课程号"语句并执行即可。

【例 6-14】 已知 CJB 表中的"学号"和"课程号"两列已被设置为主键，主键约束名为"PK_xs_kc"，请重新创建这两列的组合索引，使学号降序排列。

```
ALTER  TABLE  CJB  DROP  CONSTRAINT  PK_CJB        --先删除主键约束
GO
CREATE  UNIQUE  CLUSTERED  INDEX  PK_CJB          --新建唯一聚焦索引
ON  CJB(学号 DESC ,课程号)
```

注意：1）当索引所在的数据表或视图被删除时，该数据表或视图的所有索引也会同时被删除。

2）如果是系统自动建立的索引不能使用 DROP INDEX 删除，只能用 ALTER TABLE 语句中的 DROP CONSTRAINT 子句来解除加在该字段上的主键约束或唯一性约束，这些约束一解除，相关的索引也就被删除了。

3）如果要删除数据表或视图中的所有索引，要在先删除非聚集索引后再删除聚集索引。

任务 6.2.8　指定索引

在对数据表进行查询时，可以指定引用哪个索引。

【例 6-15】　在 XSB 表中查询王姓学生的信息，使用例 6-9 中创建的索引"IX_XSB_XM"。

```
SELECT * FROM XSB
WITH  (INDEX( IX_XSB_XM))           --指定要使用的索引
WHERE 姓名  LIKE '王%'
```

任务 6.2.9　分析索引

建立索引的目的是提高数据的查询速度。而在进行数据查询时，由于 SQL Server 系统采用了索引，用户可以使用 SHOWPLAN_ALL 方法来显示查询计划。

显示查询计划是指，SQL Server 将显示在执行查询过程中连接表时所采取的每个步骤，以及是否选择及选择了哪个索引，从而帮助用户分析有哪些索引被系统采用。

当设置 SHOWPLAN_ALL 为"ON"状态时，SQL Server 不会执行 Transact-SQL 语句，而是会返回有关语句执行情况的详细信息，并估计语句对资源的需求。

【例 6-16】　在 XSCJ 库的 XSB 表上查询王姓学生的信息，并分析哪些索引被系统采用，执行结果如图 6-20 所示。

```
SET SHOWPLAN_ALL ON                  --启动 SQL Server 显示查询计划
GO
SELECT * FROM XSB WHERE 姓名  LIKE '王%'  --显示该查询语句执行时系统采用的索引信息
GO
SELECT * FROM XSB                    --显示该查询语句执行时系统采用的索引信息
WITH  (INDEX( IX_XSB_XM))
WHERE 姓名  LIKE '王%'
GO
SET SHOWPLAN_ALL OFF                 --关闭 SQL Server 显示查询计划
```

图 6-20　显示查询计划分析索引

【课后练习】

一、填空题

1. 如果要加密视图的定义，可以在创建视图时使用_____关键字。

2. 查看视图定义的 T-SQL 语句的系统存储过程是_____。

3. 创建视图的 T-SQL 命令是_____。

4. 在每次访问视图时，视图都是从_____中提取所包含的行和列。

5. SQL Server 提供的索引类型包括_____、_____、_____、_____、_____、_____、_____、_____等。

6. 索引既可以在_____时创建，也可以在以后的任何时候创建。

7. 在 SQL Server 中，通常不需要用户建立索引，而是通过使用_____约束和_____约束，由系统自动建立索引。

8. SQL Server 中引入索引主要是为了提高_____速度，也可保证数据的唯一性。

二、选择题

1. 下列关于视图的描述中，错误的是（　　）。

　　A. 视图不是真实存在的基础表，而是一张虚拟表

　　B. 当对通过视图查询到的数据进行修改时，相应的引用表的数据也要发生变化

　　C. 在创建视图时，若其中某个目标列是聚合函数，必须指明视图的全部列名

　　D. 在一个语句中，一次可以修改一个以上的视图所对应的引用表

2. 使视图定义被加密的子句是（　　）。

　　A. WITH NORECOVERY　　　　B. WITH NOCHECK

　　C. WITH INIT　　　　　　　　D. WITH ENCRYPTION

3. 数据库中的物理数据存储在下列哪种对象中？（　　）

　　A. 表　　　　B. 视图　　　　C. 查询　　　　D. 以上都可以

4. 为数据表创建索引的目的是（　　）。

　　A. 提高查询的检索性能　　　　B. 创建唯一索引

　　C. 创建主键　　　　　　　　　D. 归类

5. 要提高一个庞大数据库的查询性能，并要求在真实的数据库中保存排好序的数据，可以进行的操作是（　　）。

　　A. 创建数据库的一个视图　　　B. 在数据库中创建一个非聚集索引

　　C. 在数据库中创建一个聚集索引　　D. 在数据库中创建一个约束

6. 以下关于索引的正确叙述是（　　）。

　　A. 使用索引可以提高数据查询速度和数据更新速度

　　B. 使用索引可以提高数据查询速度，但会降低数据更新速度

　　C. 使用索引可以提高数据查询速度，对数据更新速度没有影响

　　D. 使用索引对数据查询速度和数据更新速度均没有影响

三、判断题

1. 在每次访问视图时，视图都是从数据表中提取所包含的行和列。 （　　）
2. 删除视图中的数据，不会影响引用表中的原始数据。 （　　）
3. 索引只能用 CREATE INDEX 语句直接创建，不能通过其他方式创建。 （　　）
4. 修改引用表的数据时，一定能从视图中反映出来。 （　　）
5. 每个数据表都可以有多个聚集索引。 （　　）
6. 聚集索引使表中各行的物理存储顺序与索引的顺序不相同。 （　　）
7. 索引既可以提高检索数据的速度，也可以提高修改数据的速度。 （　　）
8. 使用 DROP INDEX 能删除所有的索引。 （　　）
9. 当 UPDATE 的性能需求远大于 SELECT 的性能需求时，不应该创建索引。 （　　）
10. 在添加主键约束时，系统会自动生成聚集唯一索引。 （　　）

【课外实践】

实践任务 1　创建视图：用于分组汇总查询每个学生的平均成绩

要求：创建一个名为"V_平均成绩"的视图，用于分组汇总查询每个学生的平均成绩，将视图的列名分别改为"学生学号"和"个人平均分"，并加密视图的定义。

实践任务 2　创建视图：用于查询每门课程的最高分

要求：创建一个名为"V_单科最高分"的视图，用于查询每门课程的最高分。

实践任务 3　创建视图：用于查询所有成绩中的最高分

要求：创建一个名为"V_全校最高分"的视图，用于查询所有成绩中得分最高的学生的学号、姓名、专业名、课程号、成绩。

实践任务 4　创建视图：用于查询指定学期的开课信息

在 XSCJ 数据库的 KCB 表上，创建一个名为"V_开课信息"的视图，该视图中包含"课程号""课程名""开课学期"和"学时"列，且限定视图中返回的行中只包括第 3 学期及其以后开课的课程信息。

实践任务 5　创建视图：用于查询学生的综合信息

要求：创建一个名为"V_综合信息"的视图，用于查询学生的学号、姓名、专业名、课程名、成绩等信息。

实践任务 6　创建索引

由于在学生选课时经常要按"课程名"来查询课程信息，请为该字段建立合适的索引。

模块 7　创建规则和默认值

【项目内容】

📖 认识规则和默认值

📚 创建和应用规则

📝 创建和应用默认值

【导航引领】

用系统管理思维方式学习如何创建和管理规则对象，如何创建和管理默认值对象，以实现数据完整性；探索实现数据完整性的不同方法，树立精确管理数据的规范意识。

【知识目标】

● 了解规则对象、默认值对象的定义
● 了解规则对象和 CHECK 约束的区别
● 了解默认值对象和 DEFAULT 约束的区别

【能力目标】

● 会创建、绑定、解绑和删除规则
● 会创建、绑定、解绑和删除默认值

项目 7.1　认识规则和默认值

任务 7.1.1　了解规则的作用

1. 规则的含义

规则就是数据库中对存储在表的列或用户自定义数据类型中的值的规定和限制。规则是绑定到列上单独存储的独立数据库对象，用来指定列可以接受哪些数据值。规则是实现域完整性的方法之一。

规则与其作用的表或用户自定义数据类型是相互独立的，即表或用户自定义对象的删除和修改不会对与之相关的规则产生影响。

2. 规则与 CHECK 约束的区别

规则对象在功能上与 CHECK 约束是一样的，但在使用上有所区别。一是创建方式不同：CHECK 约束是用 CREATE/ALTER TABLE 语句在创建表或修改表时定义的，嵌入到被定义的表的结构中，在删除表的同时 CHECK 约束也被删除；而规则对象是用 CREATE RULE 语句进行定义，是作为一种单独的数据库对象来使用的，它独立于表之外，需要使用语句删除规则对象。二是在应用方式上不同：①在表的某一个列上只能使用 1 个规则，但可以使用多个 CHECK 约束；②一个规则可以应用于多个列，而 CHECK 约束只能应用于它所定义的列上。

任务 7.1.2　了解默认值的作用

1．默认值的含义

默认值就是当用户向表中添加数据时，没有被明确地给出，而由 SQL Server 自动指派的值。默认值可以定义为独立的数据库对象，使用时需将其绑定到特定的列上。

默认值也可以是一种数据库对象，可以绑定到一列或多列上，作用与 DEFAULT 约束相似，在插入数据行时，为没有指定数据的列提供事先定义的默认值。它的管理及应用和规则有很多相似之处。表的一列或一个用户自定义数据类型也只能与一个默认值相绑定。

2．默认值对象与 DEFAULT 约束的区别

默认值对象在功能上与 DEFAULT 约束是一样的，但在使用上有所区别。一是创建方式不同：DEFAULT 约束是用 CREATE/ALTER　TABLE 语句创建或定义表时，使用 DEFAULT 子句为表中的列提供默认值；默认值对象是用 CREATE　DEFAULT 语句来创建的，是作为单独的数据库对象来使用的。二是在应用方式不同：①在表的某一个列上只能使用 1 个 DEFAULT 约束或默认值对象；②一个默认值对象可以应用于多个列，而 DEFAULT 约束只能应用于它所定义的列上。

规则和默认值的独立对象特性使得它们可以在重复使用时不用重新定义。

项目 7.2　创建和应用规则

任务 7.2.1　创建规则

在 SQL Server 2019 中，不再提供图形化的界面创建规则，必须使用命令创建规则。CREATE　RULE 命令用于在当前数据库中创建规则，其语法形式如下。

13
创建与管理规则

```
CREATE  RULE  规则对象名  AS  条件表达式
```

其中，条件表达式可以是用于 WHERE 条件子句中的任何表达式，它可以包含算术运算符、关系运算符和谓词（如 IN、LIKE、BETWEEN…AND）等。

在书写条件表达式时应注意：

1）不能引用列名或其他数据库对象名。

2）条件表达式中包含一个以@开头的局部变量，该变量代表在修改该列的记录时用户输入的数值。

sp_helptext 是系统存储过程，用于查看规则的定义文本，其语法如下。

```
[EXEC]  sp_helptext  规则对象名
```

【例 7-1】 在 XSCJ 库中，定义 1 个名为"RO_正数"的规则，限制使用了该规则的列的值必须大于 0。执行结果如图 7-1 所示。

```
USE   XSCJ
GO
CREATE   RULE   RO_正数          --创建规则
AS    @zhensh >=0
GO
EXEC   sp_helptext  RO_正数     --用系统存储过程 sp_helptext 来查看规则的细节
```

图 7-1 创建规则

任务 7.2.2 使用系统存储过程 sp_bindrule 绑定规则

创建规则后，它仅仅是一个存在于数据库中的对象，并未发生作用。需要将规则与数据库表或用户自定义对象绑定起来，才能达到创建规则的目的。所谓绑定就是指定规则作用于哪个表的哪一列或哪个用户自定义数据类型。表的一列或一个用户自定义数据类型只能与一个规则相绑定，而一个规则可以绑定多个对象。

在 SQL Server 2019 中，用系统存储过程 sp_bindrule 绑定一个规则到表的一列或一个用户自定义数据类型上。其语法格式如下。

```
[EXEC]  sp_bindrule  [@rulename =] '规则对象名', [@objname =] 'object_name'
```

其中，[@objname =] 'object_name'用于指定规则绑定的对象。如果该对象名称使用了"表名.列名"的格式，则说明它为表中的某个列，否则表示某个用户自定义数据类型。

📝 提示：

1）规则对已经输入表中的数据不起作用。

2）规则所指定的数据类型必须与所绑定的对象的数据类型一致，且规则不能绑定一个数据类型为 text、image 或 timestamp 的列。

3）如果列上已经绑定规则，当再次向它们绑定规则时，旧规则将被新规则覆盖。

4）绑定规则后，当有不符合规则的数据输入时，系统会给出错误信息，拒绝接受该值。

【例 7-2】 将名为"RO_正数"的规则分别绑定到：XSB 表的"总学分"列、CJB 表的"成绩"和"学分"列、KCB 表的"开课学期"和"学分"列上。如图 7-2 所示。

图 7-2　将规则绑定到指定列上

任务 7.2.3　使用系统存储过程 sp_unbindrule 解除绑定的规则

在 SQL Server 2019 中，用系统存储过程 **sp_unbindrule** 解除规则与列或用户自定义数据类型的绑定，其语法格式如下。

```
EXEC sp_unbindrule [@objname =] 'object_name'
```

其中，[@objname =] 'object_name'用于指定被绑定规则的列或自定义数据类型的名称。

【例 7-3】　解除绑定在 XSB 表、KCB 表、CJB 表列上的规则。如图 7-3 所示。

```
SQLQuery1.sql - D...inistrator (132))*  ⊕ ×
--解除绑定
EXEC  sp_unbindrule    'XSB.总学分'
EXEC  sp_unbindrule    'CJB.成绩'
EXEC  sp_unbindrule    'CJB.学分'
EXEC  sp_unbindrule    'KCB.开课学期'
EXEC  sp_unbindrule    'KCB.学分'
```

图 7-3　解除绑定的规则

任务 7.2.4　删除规则

删除规则有两种方法。

一是在对象资源管理器中，展开目标数据库中的"可编程性"节点，定位到"规则"节点，右击要删除的规则，选择"删除"命令。

二是使用 DROP RULE 命令删除当前数据库中的一个或多个规则。其语法格式如下。

```
DROP  RULE  规则对象名 [,...n]
```

在删除一个规则前，必须先对其解除绑定。

项目 7.3　创建和应用默认值

任务 7.3.1　创建默认值对象

在 SQL Server 2019 中，创建默认值只能用命令来完成。CREATE DEFAULT 命令用于在当前数据库中创建默认值对象，其语法格式如下。

14
创建与管理
默认值

```
CREATE  DEFAULT  默认值对象名  AS  常量表达式
```

其中，常量表达式可以是数学表达式或函数，也可以包含表的列名或其他数据库对象。

📝 提示：

❂ 字符和日期型数据：必须用单引号括起来。

❂ 二进制数据：必须以 0x 作为前导符。

❂ 货币型数据：以美元符号$开头。

❂ 整数和浮点数：不需要任何定界符。

【例 7-4】　创建一个名为 def_XS 的默认值对象，限制使用了该默认值对象的列的值为 64，如图 7-4 所示。

图 7-4　创建默认值对象

任务 7.3.2　使用系统存储过程 sp_bindefault 绑定默认值

创建默认值后，它只是一个存在于数据库中的对象，并未发生作用。同规则一样，需要将默认值对象与数据库表或用户自定义对象进行绑定。

使用系统存储过程 sp_bindefault 绑定一个默认值对象到表的一列或一个用户自定义数据类型上。其语法格式如下。

```
[EXEC]  sp_bindefault  [@defname =] '默认值对象名', [@objname =] 'object_name'
```

【例 7-5】　将默认值对象 def_XS 绑定到 KCB 表的"学时"列上，如图 7-5 所示。

图 7-5　绑定默认值

任务 7.3.3　使用存储过程 sp_unbindefault 解除绑定的默认值

在 SQL Server 2019 中，用系统存储过程 **sp_unbindefault** 解除默认值对象与表的列或用户自定义数据类型的绑定，其语法格式如下。

```
[EXEC] sp_unbindefault [@objname =] 'object_name'
```

如果列同时绑定了一个规则和一个默认值，那么默认值应该符合规则的规定，创建或修改表时用 DEFAULT 选项指定了的默认值的列不能再绑定默认值。

任务 7.3.4　删除默认值对象

删除默认值对象有两种方法。

一是在对象资源管理器中，展开目标数据库中的"可编程性"节点，定位到"默认值"节点；右击要删除的默认值，选择"删除"命令即可删除默认值对象。

二是使用 DROP DEFAULT 命令删除默认值对象。其语法格式如下。

```
DROP  DEFAULT  默认值对象名 [,…n]
```

在删除一个默认值对象前，必须先对其解除绑定。

【例 7-6】　删除数据库 XSCJ 中名为 def_XS 的默认值对象。如图 7-6 所示。

图 7-6　解绑并删除默认值

【课后练习】

一、填空题

1. 在 SQL Server 2019 中，规则是一个_____，由数据库来进行管理。
2. 创建规则的 T-SQL 语句是_____。
3. 删除规则的 T-SQL 语句是_____。
4. 默认值对象的作用类似于创建表时的_____约束。
5. 将默认值对象绑定到列的系统存储过程是_____。

二、选择题

1. 规则对象的作用类似于创建或修改表时的下列（　　　）约束。
   - A. PRIMARY KEY
   - B. FOREIGN KEY
   - C. CHECK
   - D. UNIQUE
2. 将规则绑定到指定列的系统存储过程是（　　　）。
   - A. sp_binddefault
   - B. sp_bindrule
   - C. sp_unbindrule
   - D. sp_bindefault
3. 将默认值对象解除绑定的系统存储过程是（　　　）
   - A. sp_unbinddefault
   - B. sp_bindefault
   - C. sp_unbindrule
   - D. sp_unbindefault

三、判断题

1. 规则对象可以实现对数据的所有约束控制。　　　　　　　　　　　（　　）
2. 同其他数据库对象一样，也可以通过 T-SQL 语句来修改规则。　　（　　）
3. 删除规则对象时，必须先解除其绑定。　　　　　　　　　　　　　（　　）
4. 默认值对象的作用类似于创建表时的 DEFAULT 关键字。　　　　　（　　）
5. 创建表时用 DEFAULT 关键字指定了默认值的列还能再绑定默认值对象。（　　）
6. 规则创建以后，必须绑定在列上，才能限制该列输入值的取值范围或格式。（　　）
7. 一个规则可以绑定在多个列上。　　　　　　　　　　　　　　　　（　　）
8. 一个列上可以使用多个规则。　　　　　　　　　　　　　　　　　（　　）

【课外实践】

实践任务 1　创建规则

要求：在 XSCJ 数据库中，创建一个规则，限制"学分"列的值在 1~10 之间，将该规则绑定到 KCB 表的"学分"列上，向 KCB 表中添加数据以检查规则的作用。

实践任务 2　创建默认值对象

要求：在 XSCJ 数据库中，创建一个默认值对象，其值为"重庆市"，将其绑定到 XSB 表的"籍贯"列上。

【项目内容】

📖 认识 T-SQL 语言

📚 认识 T-SQL 表达式

📝 认识 T-SQL 语句

【导航引领】

用探索式创新思维方式学习使用 T-SQL 语言编写程序代码，并在查询分析器窗口正确执行，为学习存储过程和触发器打好基础。

【知识目标】

- 了解 T-SQL 的特点、标识符命名规则
- 了解注释的含义和添加方法
- 掌握常量、变量的用途和使用方式
- 掌握常用函数、运算符的使用方法
- 了解批处理的含义和作用

【能力目标】

- 会灵活使用变量、常量
- 会运用流程控制语句编写 SQL 程序
- 会正确使用常用系统函数

项目 8.1　认识 T-SQL 语言

任务 8.1.1　了解 T-SQL 的特点

SQL 是结构化查询语言 Structured Query Language 的缩写，是一种使用关系数据模型的数据库应用语言。SQL 最早是在 20 世纪 70 年代由 IBM 公司开发出来的，作为 IBM 关系数据库原型 System R 的原型关系语言，主要用于关系数据库中的信息检索。Transact-SQL（以下简称 T-SQL）是微软对 SQL 的扩展。不同的数据库供应商一方面采纳了 SQL 作为自己数据库的操作语言，另一方面又对 SQL 进行了不同程度的扩展。

这种扩展主要是基于两个原因：一是数据库供应商开发的系统要早于 SQL 标准的制定时间；二是不同的数据库供应商为了达到特殊性能和实现新的功能，对标准的 SQL 进行了扩展。

Transact-SQL 是一种交互式查询语言，具有功能强大、简单易学的特点。该语言既允许用

户直接查询存储在数据库中的数据，也可以把语句嵌入到某种高级程序设计语言（例如 C、COBOL）中。

同任何程序设计语言一样，T-SQL 有自己的关键字、数据类型、表达式和语句结构。当然，与其他语言相比，T-SQL 要简单得多。

T-SQL 有以下几个特点。

1）一体化的特点，集数据定义语言、数据操纵语言、数据控制语言和附加语言元素为一体。

2）两种使用方式，一种是交互式使用方式，适合于非数据库专业人员使用，另一种是嵌入到高级语言的使用方式，适合数据库专业开发人员使用。

3）非过程化语言，只需要提出"干什么"，不需要指出"如何干"，语句的操作过程由系统自动完成。

4）类似于人的思维习惯，容易理解和掌握。

任务 8.1.2　了解标识符的命名规则

标识符是指一个由用户定义的，SQL Server 可识别的有意义的字符序列，通常表示服务器名、数据库名、数据库对象名、常量、变量等。其语法格式如下。

```
[[[server.][database].][owner_name.]]object_name
```

标识符有两类：常规标识符和分隔标识符。分隔标识符是用双引号或方括号括起来的标识符。常规标识符的命名规则如下。

- ✪ 标识符长度不能超过 128 个字符，本地临时表的名称不能超过 116 个字符。
- ✪ 标识符的第一个字符必须是字母、下画线、中文、@、#等符号；后续字符除前面这些外，还可以包括数字、$。
- ✪ 标识符中不允许嵌入空格或特殊字符。
- ✪ 标识符不能是 T-SQL 保留字。

 注意：在 SQL Server 中，以"@"开头的变量表示局部变量；以"@@"开头的变量表示全局变量；以"#"开头的表示局部临时对象；以"##"开头的表示全局临时对象；所以，用户在命名数据库时不要以这些字符开头，以免引起混乱。

【课堂实践 1】

判断以下标识符的合法性，并说明理由。

ABC、_ABC、Select、@table_name、FROM #proc、##table_name、"table"、A　BC、52FK、_AbC、X　yz、@a1、where、#proc、##xs、7table、as

任务 8.1.3　了解数据库对象的命名规则

一个对象的完整名称包括 4 个部分：服务器名称、数据库名称、所有者名称和对象名称。

其语法格式如下。

```
[[[server.][database].][owner_name.]object_name
```

服务器、数据库和所有者名称叫作对象名称限定符。当引用一个对象时，可以省略服务器、数据库和所有者。对象名的有效格式如下。

```
server.database.owner_name.object_name
server.database..object_name
server..owner_name.object_name
server...object_name
database.owner_name.object_name
database..object_name
owner_name.object_name
object_name
```

假设 XSCJ 数据库中的一个表和一个视图具有相同的、名为"学号"的列。若要在 XSB 表中引用"学号"列，需指定"XSCJ..XSB.学号"；若要在 VIEW1 视图中引用"学号"列，需指定"XSCJ..VIEW1.学号"。

大多数对象引用使用前 3 部分名称并默认使用本地服务器。第 4 部分名称通常用于分布式查询或远程存储过程调用。

任务 8.1.4 了解 T-SQL 语法格式约定

T-SQL 中的语法关系图使用规范见表 8-1。

表 8-1 T-SQL 语法关系图使用规范

规 范	用 途
大写	T-SQL 关键字
--	单行注释
/*...*/	多行注释
|（竖线）	分隔语法项目，只能选择一个项目
[]（方括号）	可选语法项目，不必输入方括号
{}（大括号）	必选语法项，不必输入大括号
<标签>::=	语法块的名称。此规则用于对可在语句中的多个位置使用的过长语法或语法单元部分进行分组和标记。适合使用语法块的每个位置由括在尖括号内的标签表示：<标签>
[,...n]	表示前面的项目可重复 n 次，每一项由逗号分隔
[...n]	表示前面的项目可重复 n 次，每一项由空格分隔

任务 8.1.5 了解注释的作用

在 T-SQL 程序中加上注释有两方面的作用：一是说明代码的含义，增强代码的可读性；二是可以把程序中暂时不用的语句注释掉，使它们暂时不被执行，需要时再恢复。

在 T-SQL 中的注释有两种类型。

✪ 行内注释：用于注释单行，用两个减号表示，即"--"。

✪ 块注释：用于注释多行，用"/*...*/"表示。

项目 8.2　认识 T-SQL 表达式

任务 8.2.1　认识常量

常量是表示固定数值的符号，是在运行过程中保持不变的量。常量的格式取决于它所表示的值的数据类型，如：精确数常量 3.22，浮点数常量 101.5E5，字符常量'处理中，请稍后…'，日期时间常量'2015-5-10'等。

【例 8-1】　在 T-SQL 中，可用以下方式使用常量。

① 作为算术表达式中的数据值：

```
SELECT  成绩+5 FROM CJB
```

② 在 WHERE 子句中，作为与列进行比较的数据值：

```
SELECT  *  FROM CJB  WHERE  学号='2019130101'
```

③ 作为赋给变量的数据值：

```
SET   @学分=4
```

④ 作为当前行的某列中的数据值。可使用 UPDATE 语句的 SET 子句或 INSERT 语句的 VALUES 子句来指定：

```
UPDATE  CJB
SET  成绩=90 WHERE  学号='2019130101'  AND  课程号='101'
```

或

```
INSERT  CJB  VALUES('2019130101', '103', 78)
```

⑤ 作为指定 PRINT 或 RAISERROR 语句发出的消息文本的字符串：

```
PRINT  'This is a message.'
```

⑥ 作为条件语句（例如：IF 语句或 CASE 语句）中进行测试的值：

```
IF  (@SALESTOTAL>$100000.00)
EXECUTE  Proc_SALES
```

任务 8.2.2　认识变量的类型

变量与常量相反，是表示非固定值的符号，在运行过程中可以改变其值的量。在 T-SQL 中，共有两种类型的变量：局部变量和全局变量。局部变量是用户自己定义的变量，以@符号开头，一般出现在批处理、存储过程或触发器中，一旦创建了它的批处理、存储过程或触发器执行结束，存储在局部变量中的信息就将丢失。全局变量是系统定义的变量，以"@@"符号开头，用户不能定义全局变量，也不能修改其值，全局变量在相应的上下文中是随时可用的，通常被服务器用来跟踪服务器范围和特定会话期间的信息。表 8-2 列出了 SQL Server 中较常见的全局变量。

表 8-2　SQL Server 中较常见的全局变量

全局变量	说　明
@@CONNECTIONS	返回 SQL Server 自上次启动以来尝试的连接数，无论连接是成功还是失败
@@CPU_BUSY	返回 SQL Server 自上次启动后的工作时间，其结果以 CPU 时间增量或"嘀嗒数"表示，此值为所有 CPU 时间的累积
@@CURSOR_ROWS	返回连接上打开的上一个游标中的当前限定行的数目
@@DATEFIRST	返回 SET DATEFIRST 的当前值。SET DATEFIRST 是将一周的第一天设置为 1~7 的一个数字
@@DBTS	返回当前数据库的当前 timestamp 数据类型的值
@@ERROR	返回执行的上一个 T-SQL 语句的错误号
@@FETCH_STATUS	返回针对连接当前打开的任何游标发出的上一条游标 FETCH 语句的状态
@@IDENTITY	返回上次插入的标识值
@@IDLE	返回 SQL Server 自上次启动后的空闲时间，结果以 CPU 时间增量或"时钟周期"表示
@@IO_BUSY	返回自从 SQL Server 最近一次启动以来，SQL Server 已经用于执行输入和输出操作的时间，其结果是 CPU 时间增量（时钟周期），且是所有 CPU 的累积值
@@LANGID	返回当前使用语言的本地语言标识符（ID）
@@LANGUAGE	返回当前所用语言的名称
@@LOCK_TIMEOUT	返回当前会话的当前锁定超时设置（ms）
@@MAX_CONNECTIONS	返回 SQL Server 实例允许同时进行的最大用户连接数，返回的数值不一定是当前配置的数值
@@MAX_PRECISION	按照服务器中的当前设置，返回 decimal 和 numeric 数据类型所用的精度级别
@@NESTLEVEL	返回对本地服务器上执行的当前存储过程的嵌套级别（初始值为 0）
@@OPTIONS	返回有关当前 SET 选项的信息
@@PACK_RECEIVED	返回 SQL Server 自上次启动后从网络读取的输入数据包个数
@@PACK_SENT	返回 SQL Server 自上次启动后写入网络的输出数据包个数
@@PACKET_ERRORS	返回自上次启动 SQL Server 后，在 SQL Server 连接上发生的网络数据包错误数
@@PROCID	返回 T-SQL 当前模块的对象标识符（ID）
@@REMSERVER	返回远程 SQL Server 数据库服务器在登录记录中显示的名称
@@ROWCOUNT	返回受上一语句影响的行数
@@SERVERNAME	返回运行 SQL Server 的本地服务器名称
@@SERVICENAME	返回 SQL Server 正在其下运行的注册表项的名称。若当前实例为默认实例，则返回 MSSQLSERVER；若当前实例是命名实例，则返回该实例名
@@SPID	返回当前用户进程的会话 ID
@@TEXTSIZE	返回 SET 语句中的 TEXTSIZE 选项的当前值
@@TIMETICKS	返回每个时钟周期的微秒数
@@TOTAL_ERRORS	返回 SQL Server 自上次启动之后所遇到的磁盘写入错误
@@TOTAL_READ	返回 SQL Server 自上次启动后读取磁盘的次数
@@TOTAL_WRITE	返回 SQL Server 自上次启动以来所执行的磁盘写入次数
@@TRANCOUNT	返回当前连接的活动事务数
@@VERSION	返回当前的 SQL Server 安装版本、处理器体系结构、生成日期和操作系统

任务 8.2.3　使用局部变量

在使用一个局部变量之前，必须先用 DECLARE 语句进行声明，然后再使用 SET 或

SELECT 语句为它赋值，如果要输出或显示其值，需使用 SET 或 PRINT 语句。

1．局部变量的声明

其语法形式为

```
DECLARE  @变量名  数据类型  [ ,…n ]
```

其中，声明的局部变量的初始值为 NULL。

2．局部变量的赋值

其语法形式有以下两种。

```
SET  @变量名=表达式
```

或

```
SELECT  @变量名=表达式 [ ,…n ]
[ FROM... ]
[ WHERE... ]
```

3．局部变量的显示

其语法形式有以下两种。

```
PRINT  表达式
```

或

```
SELECT  表达式 [ ,…n ]
```

用 PRINT 语句进行输出显示时，其表达式的类型必须为字符型，或可以隐式地转换成字符型。

【例 8-2】 声明 3 个变量，用两种不同的方法分别为变量赋值，并输出显示。执行结果如图 8-1 所示。

```
DECLARE  @x1 char(10), @x2 varchar(20), @x3  char(8)   --声明变量
SELECT  @x1='关系数据库', @x2='SQL Server'              --为变量赋值
SET  @x3='2019'                                         --为变量赋值
PRINT  @x1+@x2+@x3                                      --输出变量的值
```

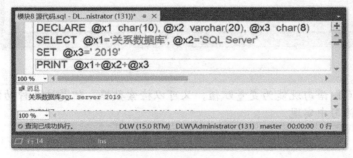

图 8-1   变量的使用示例

【例 8-3】 声明一个整数变量，并将其作为循环计数器使用。执行结果如图 8-2 所示。

```
DECLARE  @counter  int              --声明一个整型变量用于计数
SELECT  @counter=0                  --设置计数变量初值为 0
```

```
WHILE  @counter<5                              --设置循环条件
  BEGIN                                        --块语句开始
    PRINT  @counter                            --本行将计数器的值输出到屏幕上
    SELECT  @counter=@counter+1                --每次循环计数值加1
  END                                          --块语句结束
```

图 8-2 变量循环计数器使用示例

【例 8-4】 声明一个变量，将 XSCJ 数据库的 XSB 表中的姓名为"杨宇"的同学所属的院系赋值给变量，并输出显示，执行结果如图 8-3 所示。

```
USE  XSCJ
GO
DECLARE  @yx  varchar(20)                      --声明变量用于存放所属院系的值
SELECT  @yx=所属院系  FROM  XSB                 --在 XSB 表中查找杨宇所属的院系
WHERE  姓名='杨宇'
SELECT  @yx  AS  所属院系                        --显示@yx 的值
```

图 8-3 变量的使用【例 8-4】执行结果

 提示：SELECT 语句既能为变量赋值，又可以检索数据，但是这两种功能不能同时在一条 SELECT 语句中实现。

【课堂实践 2】

分析下面这段代码为什么是无效的？如何解决？

```
/*下列代码无效*/
```

```
DECLARE  @name  varchar(10)
SELECT  @name=姓名,专业名称  FROM  XSB  WHERE  学号='1903010101'
```

任务 8.2.4 使用转换函数

如同其他编程语言一样，T-SQL 也提供了丰富的数据操作函数，用以完成各种数据管理工作。SQL Server 数据库管理人员必须掌握 SQL Server 的函数功能，并将 T-SQL 的程序或脚本与函数相结合，这将大大提高数据管理工作的效率。在这里不会对所有的函数进行介绍，但是会介绍最常用的几类函数，帮助读者尽快熟悉对函数的使用。

如果 SQL Server 没有自动执行数据类型的转换，可以使用 CAST()或 CONVERT()转换函数将一种数据类型的表达式转换为另一种数据类型的表达式；还可以使用 STR()函数将数值数据转换为字符串。

【例 8-5】 统计 XSB 表中的学生人数，要求显示信息为"学生表中共有 XX 名学生"。执行结果如图 8-4 所示。

```
USE  XSCJ                                      --将 XSCJ 库切换为当前库
DECLARE  @rs     smallint                      --声明变量
SELECT  @rs=COUNT(*)    FROM  XSB             --给变量赋值
PRINT  ' '                                     --显示 1 行空行
PRINT  '学生表中共有'+ CONVERT(varchar(3),@rs) + '名学生'
```

图 8-4 转换函数应用示例

上面最后一行中的"+"是字符串连接运算符；"CONVERT(varchar(3),@rs)"的作用是将数值型变量@rs 的值转换为字符型的值，以便与其他字符进行串联运算。

【例 8-6】 将浮点数 987.654 转换为 5 个字符的字符串。执行结果如图 8-5 所示。

图 8-5 使用 STR 函数示例

从结果中可以看出，STR 函数的第二个参数为转换后字符串的总长度（小数点要占据一个位数），第三个参数为小数点后的位数。

任务 8.2.5 使用字符串函数

常用的字符串函数如下。
- LEN( )函数：用于获取某个指定字符串的长度。
- UPPER( )函数：用于将小写字符转换为大写字符。
- LOWER( )函数：用于将大写字符转换为小写字符。
- LEFT( )函数：用于从一个完整字符串的左边截取所需的子串。
- RIGHT( )函数：用于从一个完整字符串的右边截取所需的子串。
- LTRIM( )函数：用于将字符串开始端的空格去除。
- RTRIM( )函数：用于将字符串结尾端的空格去除。
- TRIM( )函数：用于将字符串开始和结尾两端的空格去除。

【例 8-7】 显示 KCB 表中课程号为"1003"的课程名称，并显示课程名称及其字符长度。执行结果如图 8-6 所示。

图 8-6　使用 LEN 函数示例

【例 8-8】 将字符串"Hello World"中的字符全部转换为大写字母或小写字母输出。执行结果如图 8-7 所示。

图 8-7　使用 UPPER 和 LOWER 函数示例

【例 8-9】 分别从字符串"SQL Server 2019"的左边和右边各截取 3 个字符输出。执行结果如图 8-8 所示。

图 8-8　使用 LEFT 和 RIGTH 函数示例

【例 8-10】　统计 XSB 表中学生记录的行数，去掉显示结果中的空格。执行结果如图 8-9 所示。

图 8-9　使用 LTRIM 函数示例

任务 8.2.6　使用日期和时间函数

使用日期和时间函数可以对 datetime 和 smalldatetime 等类型的数据进行各种运算和处理。常用的日期和时间函数如下。

　✪ DATEADD()函数：用于向指定日期加上一段时间。

　✪ DATEDIFF()函数：用于计算指定日期之间的间隔。

　✪ GETDATE()函数：用于返回系统当前的日期时间。

　✪ DATEPART()函数：用于返回指定日期指定部分的数值。

【例 8-11】　分别计算在日期"2021-2-10"上加上 22 年、22 个月、22 天后得到的新日期。执行结果如图 8-10 所示。

图 8-10　使用 DATEADD 函数示例

从这个例子中可以看出，DATEADD 函数中的第一个参数指定用日期的哪一部分来计算，如 yy 代表年；第二个参数指定具体增加的值；第三个参数指定待计算的日期。

【例 8-12】 分别计算日期"2021-2-10"和"2018-7-25"相隔的天数、月数和年数。执行结果如图 8-11 所示。

从这个例子中可以看出，DATEDIFF 函数中的第一个参数指定用日期的哪一部分来计算，dd 代表日、mm 代表月、yy 代表年；第二个参数指定计算的开始日期；第三个参数指定计算的结束日期。

【例 8-13】 计算截至此时此刻，香港回归祖国怀抱的天数、月数和年数。执行结果如图 8-12 所示。

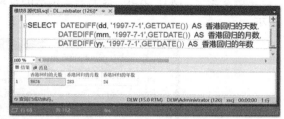

图 8-11　使用 DATEDIFF 函数示例　　　　　图 8-12　使用 GETDATE 函数示例

【例 8-14】 分别返回日期"2021-2-10"的年、月、日。执行结果如图 8-13 所示。

从这个例子可以看出，DATEPART 函数中的第一个参数用于指定返回日期的哪一部分，如 mm 代表月；第二个参数指定待计算的日期。

【例 8-15】 计算 XSB 表中"杨宇"的年龄，并显示"年龄为：XX 岁"。执行结果如图 8-14 所示。

图 8-13　使用 DATEPART 函数示例　　　　　图 8-14　函数的综合应用示例

【课堂实践 3】

计算 XSB 表中学号为"1903050979"的同学的年龄，并显示为"XX 的年龄是：YY 岁。"，其中，XX 要用具体的姓名代替。

任务 8.2.7　了解数学函数

SQL Server 中提供了众多的数学函数，可以满足数据库维护人员日常的数值计算要求。表 8-3 中列出了常用的数学函数。

表 8-3　SQL Server 中的数学函数

函数名称	函数功能简述	函数名称	函数功能简述	函数名称	函数功能简述
ABS	求绝对值	DEGREES	弧度转角度	RAND	求随机数
ACOS	反余弦函数	EXP	计算 e 的 X 次幂	ROUND	指定小数的位数
ASIN	反正弦函数	FLOOR	求仅次于最小值的值	SIN	正弦函数
ATAN	反正切函数	LOG	求自然对数	SQRT	求平方根
ATN2	增强的反正切函数	LOG10	增强的自然对数	SQUARE	开方
CEILING	求仅次于最大值的值	PI	常量，圆周率	SIGN	根据表达式的数学符号，返回 1（正数）、-1（负数）、0（零）
COS	余弦函数	POWER	求 X 的 Y 次方		
COT	余切函数	RADIANS	角度转弧度	TAN	正切函数

任务 8.2.8　认识运算符

运算符是一种符号，用来进行常量、变量或列之间的数学运算和比较操作，它是 T-SQL 很重要的组成部分。运算符共有 7 类：算术运算符、赋值运算符、按位运算符、比较运算符、逻辑运算符、字符串串联运算符、一元运算符。下面介绍这几种类型的运算符，以及运算符的优先级。

1. 算术运算符

算术运算符用于对两个表达式执行数学运算。表 8-4 中列出了算术运算符的种类。

表 8-4　算术运算符的种类

算术运算符	含义	算术运算符	含义	算术运算符	含义
+	加	—	减	*	乘
/	除	%	取模，返回一个除法运算的余数		

2. 赋值运算符

等号（=）是唯一的 T-SQL 赋值运算符。它用来给表达式赋值，也可在 SELECT 子句中将表达式的值赋给某列的标题。

3. 按位运算符

按位运算符用于在两个表达式之间执行位操作。表 8-5 中列出了按位运算符的种类。

表 8-5　按位运算符的种类

按位运算符	含义	按位运算符	含义	按位运算符	含义
&	按位与（两个操作数）	^	按位异或（两个操作数）	|	按位或（两个操作数）

4. 比较运算符

比较运算符用于测试两个表达式是否相同。比较运算返回一个布尔数据类型的值，TRUE、FALSE 或 UNKNOWN。表 8-6 中列出了比较运算符的种类。

表 8-6　比较运算符的种类

比较运算符	含义	比较运算符	含义	比较运算符	含义
=	等于	<>	不等于	!=	不等于
>	大于	<	小于	!<	不小于
>=	大于等于	<=	小于等于	!>	不大于

5. 逻辑运算符

逻辑运算符用来对某些条件进行测试，以获得其真实情况。与比较运算符一样，返回值是 TRUR 或 FALSE 值的布尔数据类型。表 8-7 中列出了逻辑运算符的种类。

表 8-7　逻辑运算符的种类

逻辑运算符	含　义
ALL	只有所有比较都为 TRUE 时，才返回 TRUE
AND	只有两个布尔表达式的值都为 TRUE 时，才返回 TRUE
ANY	只要一组比较中有一个为 TRUE，就返回 TRUE
BETWEEN	如果操作数在某个范围之内，那么就返回 TRUE
IN	如果操作数等于表达式中的一个，那么就返回 TRUE
LIKE	如果操作数与一种模式相匹配，那么就返回 TRUE
NOT	对任何其他布尔运算符的值取反
OR	如果两个布尔表达式中的一个为 TRUE，那么就返回 TRUE
SOME	如果在一组比较中，有些为 TRUE，那么就返回 TRUE

6. 字符串串联运算符

加号（+）是字符串串联运算符，可以用它将字符串串联起来。

7. 一元运算符

一元运算符只对一个表达式执行操作。表 8-8 中列出了一元运算符的种类。

表 8-8　一元运算符的种类

一元运算符	含义	一元运算符	含义	一元运算符	含义
+	数值为正	~	按位非	-	数值为负

8. 运算符的优先级

当一个复杂表达式中包含多个运算符时，运算符的优先级决定了运算的先后顺序，在编程时一定要注意这一点，否则可能得不到预期的运算结果。运算符的优先级按由高到低的顺序排列如表 8-9 所示。

表 8-9　运算符的优先级

优先级	逻辑运算符
1	~（位非）
2	*（乘）、/（除）、%（取模）
3	+（正）、-（负）、+（加）、+（连接）、-（减）、&（位与）、^（位异或）、|（位或）
4	=、>、<、>=、<=、<>、!=、!>、!<（比较运算符）
5	NOT
6	AND
7	ALL、ANY、BETWEEN、IN、LIKE、OR、SOME（逻辑运算符）
8	=（赋值）

项目 8.3　认识 T-SQL 语句

任务 8.3.1　了解批处理的作用

批处理是包含一条或多条 T-SQL 语句的集合，以 GO 语句为结束标志，一次性地发送到 SQL Server 执行。SQL Server 将批处理的语句编译为一个可执行单元，称为执行计划。先来看一段 T-SQL 语句。

```
USE XSCJ                                --这段代码执行后会出现错误提示
CREATE VIEW V_XS
AS
  SELECT * FROM XSB WHERE 姓名 LIKE '张%'
SELECT * FROM V_XS
```

执行后出现图 8-15 所示错误，即"CREATE VIEW"必须是查询批次中的第一个语句。

因此，需要在"CREATE VIEW"前面增加一个"GO"，使"USE　XSCJ"成为一个批，而"CREATE　VIEW"成为另一个批的第一条语句。执行修改后的代码，结果如图 8-16 所示，又提示"关键字 SELECT"附近有语法错误。

图 8-15　出现执行错误提示　　　　　　　　　图 8-16　出现语法错误提示

原因是创建视图必须单独作为一个批，因此，需要在"SELECT　*　FROM　V_XS"语句前面增加一个"GO"。再次执行修改后的代码，结果如图 8-17 所示。

图 8-17　批处理执行成功

如果一个批处理中的某条语句包含了语法错误，则整个批都不能被编译和执行。如果一个批处理中的某条语句出现执行错误，这时可能有两种结果：第一种情况，如违反约束，仅终止当前语句，其前后语句正常执行；第二种情况，如引用不存在的对象，终止当前语句和其后语句，其前语句正常执行。

💡 使用批处理时，应注意以下几点：

① CREATE VIEW、CREATE DEFAULT、CREATE RULE、CREATE FUNCTION、CREATE PROCEDURE 和 CREATE TRIGGER 语句不能在批处理中与其他语句组合使用。

② 不能在同一个批处理中用 ALTER TABLE 更改表，然后引用新列。

③ 如果 EXECUTE 语句不是批处理中的第一条语句，则需要 EXECUTE 关键字。

任务 8.3.2 认识流程控制语句

与所有的计算机编程语言一样，T-SQL 也提供了用于编写过程性代码的语法结构，可用来进行顺序、分支、循环等程序设计，从而控制程序的执行流程。使用流程控制语句可以提高编程语言的处理能力。下面分别介绍 T-SQL 提供的流程控制语句。

1．BEGIN…END 语句

从语法格式上讲，IF、WHILE 等语句体内通常只允许包含一条语句，但在实际程序设计中，一条语句往往不能满足复杂的程序设计要求，这时，就需要使用 BEGIN…END 语句将多条 T-SQL 语句封闭起来，构成一个语句块。这样在处理时，整个语句块就会被视为一条语句。

BEGIN…END 语句的语法格式如下。

```
BEGIN
    T-SQL 语句
END
```

15
IF 条件语句

2．IF…ELSE 语句

通常，计算机按顺序执行程序中的语句。然而，在有的情况下，语句执行的顺序及是否执行都依赖于程序运行的中间结果，必须根据某个变量或表达式的值做出判定，以决定执行哪些语句或跳过哪些语句。这时，就需要使用 IF…ELSE 结构，按条件来选择执行某条语句或某个语句块。IF…ELSE 语句的语法格式如下。

```
IF  布尔表达式                          IF  [NOT]  EXISTS(SELECT 语句)
   { T-SQL 语句 | T-SQL 语句块 }          { T-SQL 语句 | T-SQL 语句块 }
[ELSE                                  [ ELSE
   { T-SQL 语句 | T-SQL 语句块 }]          { T-SQL 语句 | T-SQL 语句块 }]
```

【例 8-16】 检查 XSB 表中是否存在"李渊"这个人，若有则显示其信息，若无则显示"没有 XX 这个人！"。执行结果如图 8-18 所示。

图 8-18 IF…ELSE 语句的使用示例

【课堂实践 4】

查询学号为 "2019130101" 的学生的平均分是否超过了 85 分，若超过，则输出 "XX 考出了高分"；否则输出 "考得一般"。

3. WHILE 语句

16
WHILE 循环语句

WHILE 语句用于循环，只要指定的条件为 TRUE 时，就会重复执行一条语句或一个语句块。通常将 BREAK 或 CONTINUE 子句和 WHILE 语句配合使用。BREAK 子句将导致无条件退出最内层的 WHILE 循环，且执行循环体外紧接着的第一条语句；CONTINUE 子句则结束本次循环，并重新判断布尔表达式，如果条件为 TRUE，则重新开始 WHILE 循环。

WHILE 语句的语法格式如下。

```
WHILE   布尔表达式
{ T-SQL 语句 | T-SQL 语句块 }
[BREAK]
[CONTINUE]
```

【例 8-17】 计算 1+2+3+…+100 的累加和。执行结果如图 8-19 所示。

```
DECLARE @i int, @sum int                              --声明变量
SET  @i=1                                             --给变量赋初值
SET  @sum=0
WHILE  (@i<=100)                                      --设置循环条件
   BEGIN                                              --语句块开始
       SET  @sum=@sum +@i                             --数字累加
       SET  @i=@i+1                                   --计数变量加 1
   END                                                --语句块结束
PRINT  '1+2+3+…+100='+CAST(@sum AS varchar(10))       --输出
```

图 8-19 WHILE 语句的使用示例

【课堂实践 5】

1）计算 1 到 100 中奇数的累加和，要求显示出 "奇数和为：XX"。

2）输出 500 以内能被 3 或 7 整除的正整数。

4. RETURN 语句

RETURN 语句用于从查询或过程中无条件退出。RETURN 的执行是即时且完全的，可在任何时候用于从过程、批处理或语句块中退出，在它之后的语句不会被执行。RETURN 与 BREAK 很相似，不同的是 RETURN 可以返回一个整数。

RETURN 语句的语法格式如下。

```
RETURN [ 整型表达式 ]
```

【例 8-18】 查找失败时输出错误信息并退出。执行结果如图 8-20 所示。

```
USE  XSCJ
GO
IF  NOT  EXISTS(SELECT  *  FROM  XSB  WHERE  姓名='李敏')    --判断是否不存在李敏
  BEGIN
    PRINT  'not found'
    RETURN                                        --退出批处理
  END
PRINT  'no error found'
GO
```

图 8-20 RETURN 语句的使用示例

5. GOTO 语句

GOTO 语句使得程序的执行可以从一个地转移到另一个地方，增加了程序设计的灵活性，但同时破坏了程序结构化的特点，使程序结构变得复杂且难以测试。

GOTO 语句的语法格式如下。

```
标签名：
……
GOTO  标签名
```

【例 8-19】 用 IF 和 GOTO 语句实现循环，求 1+2+3+…+100 的累加和。执行结果同例 8-17。

```
DECLARE  @i  int, @sum  int
SET  @i=1
SET  @sum=0
CountLoop:                                        --设置标签名
```

```
SET  @sum=@sum+@i
SET  @i=@i+1
IF  @i<=100
   GOTO  CountLoop                                    --返回到标签处执行语句
PRINT  '1+2+3+…+100='+CAST(@sum  AS  varchar(10))
```

6．WAITFOR 语句

WAITFOR 语句用于暂时停止程序的执行，直到所设定的时间间隔后才继续往下执行。其语法格式如下。

```
WAITFOR { DELAY '时间' | TIME '时间' }
```

其中，DELAY 指定要等的时间间隔，最长 24 小时；TIME 则指定要等待到的具体时间点。时间应该采用 datetime 类型，但不能包括日期。

【例 8-20】　直到 23 点 59 分才开始备份 XSCJ 库到 D 盘的 DATA 文件夹中。

```
WAITFOR  TIME  '23:59:00'
BACKUP DATABASE XSCJ TO DISK='D:\DATA\XSCJ.BAK'
```

【课后练习】

一、填空题

1．一般可以使用_____命令来标识 T-SQL 批处理的结束。

2．局部变量的开始标记为_____，全局变量的开始标记为_____。

3．函数 LEFT('abcdef', 2)的结果是_____。

4．在 SQL Server 中，每个程序块的开始标记为关键字_____，结束标记为关键字_____。

5．在循环结构的语句中，当执行到关键字_____后将终止整个循环语句的执行，当执行到关键字_____后将结束一次循环体的执行。

6．WAITFOR 语句用于指定其后的语句在_____或在_____后继续执行。

7．每条 SELECT 语句能够同时为_____个变量赋值，每条 SET 语句只能为_____个变量赋值。

8．要返回系统当前的日期时间，应使用的函数是_____。

二、选择题

1．SQL Server 数据库系统使用的数据库语言是（　　　）。

　　A．C/C++　　　　　　B．SQL　　　　　　C．Transact-SQL　　　　　　D．JAVA

2．关于 T-SQL 语言中标识符的描述，正确的是（　　　）。

　　A．首字母必须是下画线　　　　　　B．不能使用 SQL 关键字

　　C．可以包含@、#、&、^等字符　　　D．以#开头的标识符表示一个局部变量

3．语句 "USE MASTER GO SELECT * FROM SYSFILES GO" 包括的批处理个数是（　　　）。

　　A．1　　　　　　B．2　　　　　　C．3　　　　　　D．4

4．下列函数中不是 T-SQL 函数的是（　　　）。

A. DAY（　）　　　B. YEAR（　）　　C. MONTH（　）　　　　D. SECOND（　）

5. 在 T-SQL 中支持的程序结构语句是（　　　）。

A. BEGIN…END　　　　　　　　B. IF…THEN…ELSE

C. DO　CASE　　　　　　　　　D. DO　WHILE

6. 下列标识符可以作为局部变量使用的是（　　　）。

A. [@Myvar]　　　B. My　var　　C. @Myvar　　　　　　D. @My　var

7. 下列语句中有语法错误的是（　　　）。

A. DECLARE　@Myvar　int　　　B. SELECT　*　FROM　AAA

C. CREATE　DATABASE　AAA　　D. DELETE　*　FROM　AAA

三、判断题

1. T-SQL 的标识符不能以#号开始。　　　　　　　　　　　　　　　　（　　　）

2. T-SQL 的标识符能够以@符号开始。　　　　　　　　　　　　　　　（　　　）

3. 局部变量名必须以@@开头。　　　　　　　　　　　　　　　　　　（　　　）

4. 局部变量是系统自定义的变量，不能用 SET 语句给它赋值。　　　　（　　　）

5. 在 SQL Server 中允许自定义全局变量。　　　　　　　　　　　　　（　　　）

6. 如果批中的语句有执行错误，批中任何一个语句都不会被执行。　　（　　　）

7. 用 DECLARE 语句可以声明全局变量。　　　　　　　　　　　　　　（　　　）

8. SELECT 语句可以实现数据的查询、赋值和显示。　　　　　　　　　（　　　）

四、简述题

1. SQL 标识符的命名必须遵循哪些规则？

2. 简述局部变量的声明和赋值方法。

3. 全局变量有哪些特点？

4. RETURN 语句有何功能？

【课外实践】

实践任务 1　UPPER/LOWER 函数的使用

要求：将"Welcome to SQL Server"字符串中的字符分别按大写和小写形式输出。

实践任务 2　WAITFOR 语句的使用

要求：延时 30 秒后查询 KCB 表的信息；到 11 点 30 分 30 秒再查询 XSB 表的信息。

实践任务 3　编写分支程序

要求：计算 XSB 表中年龄大于 20 的学生人数，如果人数不为 0，则输出相应人数；如果人数为 0，则输出"没有年龄大于 20 的学生"。

实践任务 4　编写循环程序

要求：对 CJB 表中的学分总和进行检查，若学分总和小于 100，对每门课程学分加 1，直到学分总和大于 100 为止。

创建存储过程和触发器

【项目内容】

📖 创建和管理存储过程

📚 创建和管理触发器

【导航引领】

用探索式创新思维方式学习如何创建存储过程和触发器；如何调用存储过程和激活触发器，以实现特定的功能。树立数据安全意识和保密意识，以实现数据完整性。

【知识目标】

- 理解存储过程的含义、作用和分类
- 了解存储过程的输入和输出参数
- 理解触发器的作用和类型
- 理解触发器的激活时机和激活事件

【能力目标】

- 会创建、执行、修改和删除存储过程
- 会灵活使用 Inserted 和 Deleted 临时表
- 会创建、激活、修改和删除触发器

项目 9.1　创建和管理存储过程

任务 9.1.1　认识存储过程

1. 存储过程的含义

存储过程是一组 T-SQL 语句的预编译集合，它以一个名称存储并作为一个单元处理，能实现特定的功能。存储过程可接收参数、输出参数，返回单个或多个结果集，由应用程序通过调用执行。

17

创建和执行
存储过程

2. 存储过程的优点

存储过程是一种独立的数据库对象，它在服务器上创建和运行，与存储在客户机的本地 T-SQL 语句相比，具有以下优点。

（1）模块化程序设计

一个存储过程就是一个模块，可以用它来封装并实现特定的功能。存储过程一旦创建，以后即可在程序中被调用任意多次。可以改进应用程序的可维护性，并允许应用程序统一访问数据库。

（2）提高执行效率，改善系统性能。

系统在创建存储过程时会对其进行分析和优化，并在首次执行该存储过程后将其驻留于高速缓冲存储器中，以加速该存储过程的后续执行。

（3）减少网络流量

一个原本需要从客户端发送数百行 T-SQL 语句的操作，通过创建存储过程后，只需一条执行存储过程的语句即可实现相同的功能，而不必在网络中发送数百行代码。

（4）提供了一种安全机制

用户可以被授予权限来执行存储过程，而不必直接对存储过程中引用的对象具有权限。因此，通过创建存储过程来完成插入、修改、删除和查询等操作，可以实现对表和视图等对象的访问控制。

SQL Server 系统中已经提供了许多存储过程，它们用于系统管理、用户登录管理、数据库对象管理、权限设置和数据复制等操作，称其为系统存储过程；用户自己创建的存储过程，则称为用户存储过程。本章主要介绍用户存储过程的创建、执行和删除等操作。

任务 9.1.2　认识存储过程的创建和执行方法

1．创建存储过程

在 SQL Server 中，创建存储过程的语法格式如下。

```
CREATE  PROC[ EDURE ]  存储过程名 [ ; 分组号 ]
[ { @参数 数据类型 } [ = 默认值 ] [ OUTPUT ] ]  [ ,…n ]
[ WITH { RECOMPILE | ENCRYPTION | RECOMPILE, ENCRYPTION } ]
[ FOR  REPLICATION ]
AS
T-SQL 语句  [ ,…n ]
```

其中，各参数的说明如下。

1）分组号：是可选的整数，用来区分一组同名存储过程中的不同对象，以便将来用一条 DROP PROCEDURE 语句即可将同组的过程一起删除。例如，创建了名为"MyProc;1"和 "MyProc;2"的存储过程，可以使用 DROP PROCEDURE MyProc 语句将它们一起删除。

2）@参数：是存储过程中的参数。参数包括输入参数和输出参数，其中输入参数用于提供执行存储过程所必需的参量值，输出参数用于返回执行存储过程后的一些结果值。用户必须在执行存储过程时提供每个所声明参数的值，除非定义了该参数的默认值。参数其实是局部变量，只在声明它的存储过程内有效，因此在其他存储过程中可以使用同名参数。

3）默认值：是输入参数的默认值。如果定义了默认值，不必指定该参数的值即可执行过程。默认值必须是常量或 NULL，但是如果存储过程将对输入参数使用 LIKE 关键字，那么默认值中可以包含通配符（%、_、[ ] 和 [^]）。

4）OUTPUT：表明参数是输出参数。使用输出参数可将执行结果返回给过程的调用方。

5）WITH RECOMPILE ：表示 SQL Server 不在高速缓存中保留该存储过程的执行计划，而在每次执行时都对它进行重新编译。

6）WITH ENCRYPTION：表示对存储过程的文本进行加密，防止他人查看或修改。

7）FOR REPLICATION：表示创建的存储过程只能在复制过程中执行而不能在订阅服务

器上执行。

8）T-SQL 语句：用于定义存储过程执行的各种操作。

创建存储过程的时候要考虑以下几个因素。

✪ 创建存储过程时可以参考表、视图或其他存储过程。

✪ 如果在存储过程中创建了临时表，那么该临时表只在该存储过程执行时有效，当存储过程执行完毕，临时表就消失。

✪ 在一个批命令中，CREATE PROCEDURE 语句不能与其他的 T-SQL 语句混合使用，需要在它们之间加入 GO 命令。

✪ 存储过程可以嵌套调用，但最多不能超过 32 层，当前嵌套层的数据值存储在全局变量 @@nestlevel 中。如果一个存储过程调用另一个存储过程，那么内层的存储过程可以使用外层存储过程所创建的全部对象，包括临时表。

2. 执行存储过程

在 SQL Server 中执行存储过程的语法格式如下。

```
[ EXEC [ UTE ] ] [ @状态值= ] 存储过程名[ ;分组号 ]
[ [ @参数= ] { 参量值 | @变量 [ OUTPUT ] | [DEFAULT ] } ] [ ,…n ]
[ WITH RECOMPILE ]
```

其中，各参数的说明如下。

1）@状态值：是一个可选的整型变量，用于保存存储过程的返回状态。这个变量在用于 EXECUTE 语句时，必须已在批处理、存储过程或函数中声明。

2）@参数：是在创建存储过程时定义的参数。当使用该选项时，各参数的枚举顺序可以与创建存储过程时的定义顺序不一致，否则两者顺序必须一致。

3）参量值：是存储过程中输入参数的值。如果没有指定参数名称，参量值必须按创建存储过程时的定义顺序给出。如果在创建存储过程时指定了参数的默认值，执行时可以不再指定。

4）@变量：用来存储参数或返回参数的变量。当存储过程中有输出参数时，只能用变量来接收输出参数的值，并在变量后加上 OUTPUT 关键字。

5）OUTPUT：用来指定参数是输出参数。该关键字必须与"@变量"连用，表示输出参数的值由变量接收。

6）DEFAULT：表示参数使用定义时所指定的默认值。

7）WITH RECOMPILE：表示执行存储过程时强制重新编译。

任务 9.1.3　创建和执行简单的存储过程

【例 9-1】　创建一个不包含任何参数的存储过程 P_CJ1，查询 XSCJ 库中成绩在 90 分以上的学生的学号、姓名、课程名和成绩信息，按成绩降序排列，并执行该存储过程。执行结果如图 9-1 所示。

```
USE  XSCJ
GO
CREATE  PROCEDURE  P_CJ1                              --创建无参数的存储过程
AS
   SELECT  XSB.学号,姓名,课程名,成绩   FROM  XSB,CJB,KCB  --连接查询相关学生信息
```

```
  WHERE   XSB.学号=CJB.学号   AND                     --设置连接条件1
          KCB.课程号=CJB.课程号   AND                  --设置连接条件2
          成绩>=90
  ORDER   BY  4  DESC                                 --按成绩降序排列
GO
EXEC   P_CJ1                                          --执行存储过程
```

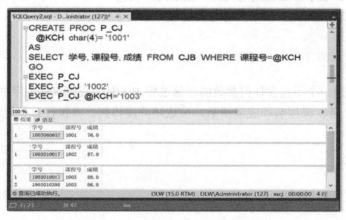

图 9-1　创建并执行简单的存储过程

任务 9.1.4　创建和执行带输入参数的存储过程

【例 9-2】　创建一个带有输入参数的存储过程 **P_CJ**，查询指定课程号(作为输入参数)的学生成绩信息，并用三种方式执行该存储过程。执行结果如图 9-2 所示。

```
CREATE  PROC  P_CJ                          --创建存储过程
    @KCH  char(4)= '1001'                   --有默认值的输入形参：用于接收外部传递的数据
AS
  SELECT  学号，课程号，成绩  FROM CJB
  WHERE   课程号=@KCH
GO                                          --以下用三种方法执行存储过程：
EXEC   P_CJ                                 --（1）使用默认值执行存储过程
EXEC   P_CJ '1002'                          --（2）按位置传递实参
EXEC   P_CJ  @KCH='1003'                    --（3）通过参数名传递实参
```

图 9-2　创建并执行带输入参数的存储过程

【课堂实践 1】

创建并执行带输入参数的存储过程 P_XSB，查询指定学号(作为输入参数)的学生姓名、课程号、成绩。

任务 9.1.5　创建和执行带输入参数和输出参数的存储过程

【例 9-3】　创建带有输入参数和输出参数的存储过程 P_KCH，返回指定教师(作为输入参数)所授课程的课程号(作为输出参数)，并执行该存储过程。执行结果如图 9-3 所示。

```
CREATE  PROC  P_KCH                    --创建存储过程
  @skjs  varchar(10),                  --@skjs 为输入形参：接收外部传递的数据
  @kch  char(4)  OUTPUT                 --@kch 为输出形参：将数据返回给调用它的程序
AS
SELECT  @kch=课程号  FROM  KCB
WHERE   授课教师=@skjs
GO
DECLARE  @skjs varchar(10), @kch char(4)   --声明变量
SET  @skjs='何欢'                          --给变量赋初值
EXEC  P_KCH  @skjs, @kch  OUTPUT      --@skjs 为输入实参：将授课教师名传递给存储过
                                       程。@kch 为输出实参：从存储过程中带回课程号
PRINT  @skjs +'老师所授课程的课程号为：'+@kch
```

图 9-3　创建并执行带输入参数和输出参数的存储过程

【课堂实践 2】

创建并执行带有输入参数和输出参数的存储过程 P2，返回指定学号的学生所选课程的课程名和成绩，并显示 "XX 学号选修的课程名为《XX》，其成绩是：XX"。

任务 9.1.6　修改存储过程

一个创建好的存储过程可以根据用户的要求或基表、视图等定义的改变而改变。在 SQL

Server 中修改存储过程的语法格式如下。

```
ALTER  PROC[ EDURE ]  存储过程名[ ;分组号 ]
[ { @参数 数据类型 } [ =默认值 ] [ OUTPUT ] ] [ ,…n ]
[ WITH { RECOMPILE | ENCRYPTION | RECOMPILE, ENCRYPTION } ]
[ FOR REPLICATION ]
AS
T-SQL 语句 [ ,…n ]
```

其中，各参数的含义与创建存储过程时对应参数的含义相同，此处不再赘述。修改存储过程的时候要考虑以下几个因素。

1）ALTER PROCEDURE 语句不会更改原存储过程的权限，也不会影响相关的存储过程或触发器。

2）在一个批命令中，ALTER PROCEDURE 语句不能与其他的 T-SQL 语句混合使用，需要在它们之间加入 GO 命令。

【例 9-4】 修改例 9-1 中创建的存储过程 P_CJ1，使它查询 XSCJ 库中所属院系为电子与物联网学院、成绩在 90 分以上的学生的学号、姓名、课程名和成绩信息，并按成绩降序排列。执行结果如图 9-4 所示。

```
CREATE  PROCEDURE  P_CJ1                          --创建无参数的存储过程
AS
  SELECT  XSB.学号,姓名,课程名,成绩   FROM  XSB,CJB,KCB --连接查询相关学生信息
  WHERE  XSB.学号=CJB.学号  AND                   --设置连接条件 1
         KCB.课程号=CJB.课程号  AND                --设置连接条件 2
         成绩>=90 AND 所属院系='电子与物联网学院'
  ORDER  BY  4  DESC                               --按成绩降序排列
GO
EXEC  P_CJ1                                        --执行存储过程
```

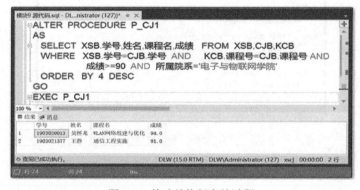

图 9-4 修改并执行存储过程

任务 9.1.7 查看存储过程信息

查看用户定义的存储过程信息有两种方法。

一是在"对象资源管理器"中，展开目标数据库中的"可编程性"节点，定位到"存储过程"节点；右击要查看的存储过程名 ，选择"属性"命令，打开"存储过程属性"对话框，即可查看其相关信息。

二是使用系统存储过程来查看用户定义的存储过程的相关信息，具体步骤如下。

1）查看存储过程的定义，即查看用于创建存储过程的 T-SQL 语句。这对于没有创建存储过程的 T-SQL 脚本文件的用户是很有用的。其语法格式如下。

```
EXEC[UTE]  sp_helptext  存储过程名
```

2）获得有关存储过程的信息，如存储过程的架构、创建时间及其参数等。其语法格式如下。

```
EXEC[UTE]  sp_help  存储过程名
```

3）查看存储过程的依赖关系，即列出存储过程所使用的对象和调用该存储过程的其他过程。其语法格式如下。

```
EXEC[UTE]  sp_depends  存储过程名
```

【例 9-5】 查看存储过程 P_KCH 的定义文本。执行结果如图 9-5 所示。

【例 9-6】 查看存储过程 P_KCH 的所有者、创建时间和各个参数信息。执行结果如图 9-6 所示。

图 9-5 使用 sp_helptext 查看存储过程

图 9-6 使用 sp_help 查看存储过程

【例 9-7】 查看存储过程 P_KCH 的依赖关系，即该存储过程引用的对象和引用该存储过程的对象。执行结果如图 9-7 所示。

图 9-7 使用 sp_depends 查看存储过程

任务 9.1.8 删除存储过程

删除存储过程有两种方法。

一是在"对象资源管理器"中依次展开"XSCJ"数据库中的"可编程性"节点，定位到"存储过程"节点，右击要删除的存储过程，选择"删除"命令，在出现的对话框中，单击"确定"按钮即可完成删除操作。

二是使用 DROP　PROCEDURE 语句删除存储过程，其语法格式如下。

```
DROP  PROC [ EDURE ]  存储过程名 [ ,…n ]
```

删除存储过程的时候要考虑以下几个因素。

1）DROP PROCEDURE 语句可删除一个或多个存储过程或存储过程组，但不能删除存储过程组中的某个存储过程。

2）为确定将要删除的存储过程是否被其他存储过程嵌套调用，可查看它的依赖关系。

项目 9.2　创建和管理触发器

任务 9.2.1　认识触发器

1．触发器的作用

18
创建和激活
触发器

SQL Server 提供了两种主要机制来强制使用业务规则和数据完整性：约束和触发器。触发器是一种特殊类型的存储过程，包括三种类型的触发器：DML 触发器、DDL 触发器和登录触发器。当数据库中发生 DML 事件（数据操作语言事件，如 INSERT、UPDATE、DELETE）时，将调用 DML 触发器。当服务器或数据库中发生 DDL 事件（数据定义语言事件，如 CREATE、ALTER、DROP）时，将调用 DDL 触发器。当发生 LOGON 事件（用户与 SQL Server 实例建立会话）时，将调用登录触发器。下面将重点介绍 DML 和 DDL 触发器的使用。

触发器具有以下优点。

1）触发器自动执行。触发器不需要调用，是通过事件进行触发而自动执行的。

2）触发器可以强制实现数据完整性。触发器包含了使用 T-SQL 语句的复杂处理逻辑，不仅支持约束的所有功能，还可以实现更为复杂的数据完整性约束。例如，它可以实现比 CHECK 约束更复杂的功能。CHECK 约束只能根据逻辑表达式或同一表中的列来验证列值。如果应用程序要求根据另一个表中的列来验证列值，则必须使用触发器。

3）触发器可以通过数据库中的相关表实现级联更改。

需要注意的是，尽管触发器是一种功能强大的工具，但在某些情况下并不总是最好的方法。约束的执行优先于触发器。如果约束的功能完全能够满足应用程序的需求，就应该考虑使用约束。当约束无法满足要求时，触发器就极为有用。

2．创建 DML 触发器

在 SQL Server 中创建 DML 触发器的语法格式如下。

```
CREATE  TRIGGER  触发名
ON  { 表 | 视图 }
[ WITH ENCRYPTION ]
{ FOR | AFTER | INSTEAD OF } { [ INSERT ] [ , ] [ UPDATE ] [ ,] [ DELETE ] }
[ NOT FOR REPLICATION ]
AS
```

```
T-SQL 语句
```

其中，各参数的说明如下。

1）WITH ENCRYPTION：像存储过程一样，也可以使用 WITH ENCRYPTION 选项对触发器的文本进行加密。

2）FOR | AFTER：指定触发器只有在触发事件包含的所有操作都已成功执行后才被激活。所有的引用级联操作和约束检查也必须在激活此触发器之前成功完成。可以指定 FOR，也可以指定 AFTER。注意，不能在视图上定义 AFTER 触发器。

3）INSTEAD OF：用该选项来创建触发器时，将用触发器中的 SQL 语句代替触发事件包含的 SQL 语句执行。

4）INSERT、UPDATE、DELETE：指定在表或视图上用于激活触发器的操作类型。必须至少指定一个选项。在触发器定义中允许使用这些选项的任意组合。如果指定的选项多于一个，需用逗号分隔这些选项。

5）NOT FOR REPLICATION：表示当复制代理修改涉及触发器的表时，不会激活触发器。

6）T-SQL 语句：用于定义触发器执行的各种操作。

DML 触发器和触发它的语句，被视为单个事务，可以在触发器中回滚该事务，如果检测到严重错误（例如，磁盘空间不足），整个事务会自动回滚。

DML 触发器最常见的应用是为表的修改设置复杂的规则。当表的修改不符合触发器设置的规则时，触发器就应该撤销对表的修改操作。此时，可以使用 ROLLBACK TRANSACTION 语句。ROLLBACK TRANSACTION 语句不生成显示给用户的信息，如果在触发器中需要发出警告，可使用 RAISERROR 或 PRINT 语句。

3. 创建 DDL 触发器

在 SQL Server 中创建 DDL 触发器的语法格式如下。

```
CREATE  TRIGGER  触发器名
ON  { ALL SERVER | DATABASE }
[ WITH ENCRYPTION ]
{ FOR | AFTER } { event_type | event_group } [ ,…n ]
AS
T-SQL 语句
```

创建 DDL 触发器的语法同创建 DML 触发器的语法非常相似，其中相同参数的含义不再赘述，不同参数的说明如下。

1）ALL SERVER：表示将 DDL 触发器的作用域应用于当前服务器。

2）DATABASE：表示将 DDL 触发器的作用域应用于当前数据库。

3）event_type：执行之后将导致激活 DDL 触发器的 T-SQL 语言事件的名称，如 CREATE_TABLE、ALTER_TABLE、DROP_TABLE 等。

4）event_group：预定义的 T-SQL 语言事件分组的名称。执行任何属于 event_group 的 T-SQL 语言事件后，都将激活 DDL 触发器。如 DDL_TABLE_EVENTS 语言事件分组涵盖 CREATE TABLE、ALTER TABLE、DROP TABLE 语句。

DDL 触发器用于在数据库中管理任务，如：审核和控制数据库操作。

4. Inserted 表和 Deleted 表的作用

每个触发器被激活时，系统都为它自动创建两张临时表：Inserted 表和 Deleted 表。这两张表都是逻辑（概念）表，它们在结构上类似于定义触发器的表，其中 Inserted 表用于存储 INSERT 和 UPDATE 语句所影响的行的副本；Deleted 表用于存储 DELETE 和 UPDATE 语句所影响的行的副本。触发器执行完成后，这两张临时表会自动被删除。

当执行 INSERT 操作时，新行被同时添加到触发器表和 Inserted 表中；当执行 DELETE 操作时，行从触发器表中删除，并被保存到 Deleted 表中；当执行 UPDATE 操作时，旧行被保存到 Deleted 表中，然后新行被复制到触发器表和 Inserted 表中。

任务 9.2.2　创建和激活 INSERT 触发器

【例 9-8】 为 XSB 表创建一个 INSERT 触发器，当插入的新行中"所属院系"的值不是"人工智能与大数据学院"时，就撤销该插入操作，使用 RAISERROR 语句返回错误信息。然后激活触发器以实现数据完整性，执行结果如图 9-8 所示。

19
临时表的作用

```
USE XSCJ
GO
CREATE  TRIGGER  T_INSERT_XSB ON  XSB        --在 XSB 表上创建触发器
FOR  INSERT                                  --创建 INSERT 后触发器
AS
  DECLARE  @ssyx varchar(20)                 --声明变量
  SELECT  @ssyx=所属院系  FROM  Inserted     --获取新插入行的所属院系的值
  IF  @ssyx !='人工智能与大数据学院'          --若新插入行的所属院系的值不是人工
  BEGIN                                         智能与大数据学院，则撤销插入操作
    ROLLBACK  TRANSACTION
    RAISERROR('不能插入非人工智能与大数据学院的学生信息!', 16, 10) --返回一个错误信息
  END
GO
INSERT  XSB(学号，姓名，性别，出生日期，所属院系，专业名称)      --激活触发器的语句
VALUES('1903030091', '陈希', 1, '2001-8-12', '通信工程学院', '移动通信技术')
```

图 9-8　创建并激活 INSERT 触发器

【课堂实践 3】

为 CJB 表创建一个名为 T1 的 INSERT 触发器，当向 CJB 表执行插入操作时激发该触发器，并给出提示信息"有新成绩信息插入到 CJB 表中"。

任务 9.2.3　创建和激活 UPDATE 触发器

【例 9-9】　为 XSB 表创建一个 UPDATE 触发器，当更新了某位学生的学号信息时，就用触发器级联更新 CJB 表中相关的学号信息。然后，激活触发器以实现数据完整性，执行结果如图 9-9 所示。

```
CREATE  TRIGGER  T_UPDATE_XSB    ON  XSB        --在 XSB 表上创建触发器
  FOR  UPDATE                                   --创建 UPDATE 后触发器
  AS
  DECLARE  @old char(10), @new  char(10)        --声明变量
  SELECT  @old=Deleted.学号, @new=Inserted.学号 --获取更新前后的学号值
  FROM   Deleted, Inserted                      --从临时表中获取信息
  WHERE  Deleted.姓名=Inserted.姓名
  PRINT  '准备级联更新 CJB 表中的学号信息…'         --显示一个提示信息
  UPDATE  CJB                                    --级联更新 CJB 表中相关成绩记
    SET  学号=@new    WHERE  学号=@old             录的学号信息
  PRINT  '已经级联更新 CJB 表中原学号为'+@old +'的  --显示提示信息
信息！'
GO
UPDATE  XSB                                      --激活触发器的语句
  SET  学号='1903029999'    WHERE  学号='1903021691'
```

提示：由于 CJB 表中的"学号"列上有外键约束，而外键约束默认是强制约束（即不能修改 XSB 和 CJB 表中的学号值），如果要实现本例中的级联更新操作，需要将外键的强制约束设置为"否"，如图 9-10 所示。

图 9-9　创建并激活级联更新的 UPDATE 触发器

图 9-10　取消外键的强制约束

【例 9-10】　为 CJB 表创建一个 UPDATE 触发器，并利用 UPDATE 函数检测成绩列是否被更新，若成绩列被更新，则显示学号、课程号、原成绩和新成绩信息。然后激活触发器以实现据完整性，执行结果如图 9-11 所示。

图 9-11　创建并激活 UPDATE 函数检测的触发器

分析：UPDATE（列名）函数可以用来检测在指定的列上是否进行了 INSERT 或 UPDATE 操作，但不能检测 DELETE 操作。根据指定列是否被更新，UPDATE()将返回 TRUE 或 FALSE。

```
CREATE  TRIGGER  T_UPDATE_CJB    ON CJB          --在 CJB 表上创建触发器
FOR  UPDATE                                      --创建 UPDATE 后触发器
AS
  IF  UPDATE(成绩)                               --检测成绩列是否被更新
   BEGIN
    SELECT  Inserted.学号, Inserted.课程号,      --显示学号、课程号、原成绩
      Deleted.成绩 AS 原成绩, Inserted.成绩 AS 新成绩      和新成绩信息
    FROM  Inserted, Deleted
    WHERE  Inserted.学号=Deleted.学号
   END
GO
UPDATE  CJB    SET  成绩=成绩+10                 --激活触发器的语句
WHERE  学号='1903070154'  AND  课程号='7004'
```

【课堂实践 4 】

为 XSB 表创建一个名为 T2 的 UPDATE 触发器，当对该表的"姓名"列进行修改时激发该触发器，使用户不能修改"姓名"列。

任务 9.2.4　创建和激活 DELETE 触发器

【例 9-11】　为 XSB 表创建一个 DELETE 触发器，当要删除学生记录时，就撤销该删除操作，并给出提示信息。然后激活触发器以实现数据完整性，执行结果如图 9-12 所示。

```
CREATE  TRIGGER  T_DELETE_XSB    ON  XSB        --在 XSB 表上创建触发器
FOR  DELETE                                     --创建 DELETE 触发器
AS
    ROLLBACK  TRANSACTION                       --撤销删除操作
    PRINT  '不能删除 XSB 表中的学生信息！'        --显示提示信息
GO
DELETE  XSB  WHERE  学号='1903070154'           --激活触发器的语句
```

图 9-12　创建并激活触发器"T_DELETE_XSB"

【课堂实践 5 】

为 XSB 表创建一个名为 T3 的 DELETE 触发器，当要删除信息安全专业学生的数据行时，激发该触发器，撤销删除操作，并给出提示信息"不能删除信息安全专业的学生信息！"，否则给出提示信息"删除成功！"

任务 9.2.5　创建和激活 DDL 触发器

【例 9-12】　为 XSCJ 数据库创建一个 DDL 触发器。当要修改或删除数据库中的表时，就撤销该操作，并给出提示信息。然后激活触发器以实现数据完整性，执行结果如图 9-13 所示。

```
CREATE  TRIGGER  T_XSCJ_DDL
```

```
ON  DATABASE                                    --在数据库上创建触发器
FOR  ALTER_TABLE, DROP_TABLE                     --创建 DDL 发器
AS
  ROLLBACK  TRANSACTION
  PRINT  '无法修改或删除表！请在操作前禁用或删除 DDL 触发器'
GO
ALTER  TABLE  XSB  ADD  QQ  VARCHAR(30)          --激活 DDL 触发器的语句
```

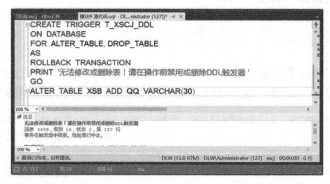

图 9-13　创建并激活 DDL 触发器

任务 9.2.6　修改触发器

1. 修改 DML 触发器

在 SQL Server 中修改 DML 触发器的语法格式如下。

```
ALTER  TRIGGER  触发器名
ON  { 表 | 视图 }
[ WITH ENCRYPTION ]
{ FOR | AFTER | INSTEAD OF } { [ INSERT ] [ , ] [ UPDATE ] [ ,] [ DELETE ] }
[ NOT FOR REPLICATION ]
AS
T-SQL 语句
```

2. 修改 DDL 触发器

在 SQL Server 中修改 DDL 触发器的语法格式如下。

```
ALTER  TRIGGER  触发器名
ON  { ALL SERVER | DATABASE }
[ WITH ENCRYPTION ]
{ FOR | AFTER } { event_type | event_group } [ ,…n ]
AS
T-SQL 语句
```

　　显然，修改触发器与创建触发器的语法基本相同，只是将 CREATE 关键字换成了 ALTER 关键字而已。其中，各参数的含义与创建触发器时对应参数的含义相同。

　　【例 9-13】　修改例 9-8 中创建的触发器 T_INSERT_XSB，使得当插入的新行中"所属院系"的值既不是"通信工程学院"也不是"财经管理学院"时，就撤销该插入操作，并使用 RAISERROR 语句返回错误信息。

```
ALTER  TRIGGER  T_INSERT_XSB   ON  XSB
FOR  INSERT
AS
  DECLARE  @ssyx  varchar(20)
  SELECT  @ssyx = 所属院系  FROM  Inserted
  IF  @ssyx != '通信工程学院'  AND  @ssyx != '财经管理学院'
    BEGIN
      ROLLBACK  TRANSACTION
      RAISERROR('不能插入非通信工程学院和财经管理学院的学生信息!', 16, 10)
    END
```

任务 9.2.7 查看触发器信息

查看触发器信息有两种方法。

一是在"对象资源管理器"中，依次展开目标数据库中的目标数据表节点，定位到"触发器"节点，右击要查看的触发器，选择"查看依赖关系"命令，出现"对象依赖关系"对话框。在该对话框中选择"依赖于触发器的对象"或"触发器依赖的对象"单选项，可以看到对应的依赖关系。

二是使用系统存储过程来查看触发器的相关信息，具体内容如下。

1）查看触发器的定义，即查看用于创建触发器的 T-SQL 语句。这对于没有创建触发器的 T-SQL 脚本文件的用户是很有用的。其语法格式如下。

```
EXEC[UTE]  sp_helptext   触发器名
```

2）获得有关触发器的信息，如触发器的所有者、创建时间等。其语法格式如下。

```
EXEC[UTE]  sp_help  触发器名
```

3）查看触发器的依赖关系，即列出触发器所引用的对象和引用该触发器的其他触发器。其语法格式如下。

```
EXEC[UTE]  sp_depends  触发器名
```

4）查看在该表或视图上创建的所有触发器对象。其语法格式如下。

```
EXEC[UTE]  sp_helptrigger  表名 | 视图名
```

【例 9-14】 查看触发器 T_UPDATE_XSB 的依赖关系，即该触发器引用的对象和引用该触发器的对象。执行结果如图 9-14 所示。

图 9-14 查看触发器的依赖关系

【例 9-15】 查看触发器 T_UPDATE_XSB 的所有者、创建时间等基本信息。执行结果如图 9-15 所示。

【例 9-16】 查看 XSB 表上创建的所有触发器信息。执行结果如图 9-16 所示。

图 9-15　查看触发器的基本信息　　　　图 9-16　查看 XSB 表上所有触发器信息

任务 9.2.8　删除触发器

删除触发器有两种方法。

一是在"对象资源管理器"中，依次展开目标数据库中的目标数据表下的"触发器"节点，定位到要删除的触发器节点，右击该触发器 ，选择"删除"命令，在出现的对话框中，单击"确定"按钮即可完成操作。

 提示：在对象资源管理器中，不同类型的触发器所在的位置不同，如图 9-17 所示。

图 9-17　各类触发器所在位置的示意图

二是使用 DROP　TRIGGER 语句删除触发器，其语法格式如下。

```
DROP  TRIGGER  触发器名 [ ,…n ]
```

任务 9.2.9　禁用触发器

用户可以禁用或启用指定的触发器，比如：某个表上的 DML 触发器、某个数据库作用域的 DDL 触发器、在服务器作用域中的 DDL 触发器，如下所示。

```
DISABLE  TRIGGER  T_INSERT_XSB  ON  XSB        --禁用 XSB 表上的 DML 触发器
DISABLE  TRIGGER  T_XSCJ_DDL  ON  DATABASE     --禁用 XSCJ 库上的 DDL 触发器
DISABLE  TRIGGER  ALL   ON  ALL  SERVER        --禁用服务器上的所有 DDL 触发器
```

禁用之后的启用操作，应该使用语句 ENABLE TRIGGER，该语句的参数与对应的禁用语句相同。

禁用触发器和删除不同，它只是暂时让触发器失去作用，等有业务需求时，可以再次启用该触发器。

【课后练习】

一、填空题

1. 存储过程通过＿＿＿＿来与调用它的程序通信。在程序调用存储过程时，一般通过＿＿＿＿参数将数据传递给存储过程，通过＿＿＿＿参数将数据返回给调用它的程序。
2. 使用＿＿＿＿语句来执行存储过程。
3. SQL Server 提供了三种类型的触发器，它们分别是＿＿＿＿、＿＿＿＿和＿＿＿＿。
4. DML 触发器按触发时机不同，可分为＿＿＿＿触发器和＿＿＿＿触发器。
5. 激活 DML 触发器的操作有三类，分别是＿＿＿＿、＿＿＿＿和＿＿＿＿。

二、选择题

1. 关于以下存储过程，正确的叙述是（　　）。

```
CREATE  PROCEDURE  PROC1
    @id int, @name char(10) OUTPUT
AS
SELECT  @name=NAME  FROM  STUDENTS  WHERE  ID=@id
```

A. @id 是输出参数，@name 是输出参数
B. @id 是输入参数，@name 是输出参数
C. @id 是输入参数，@name 是输入参数
D. @id 是输出参数，@name 是输入参数

2. 若创建的存储过程不能被查看，则在创建存储过程时需要带有的参数是（　　）。
A. WITH NORECOVERY　　　B. WITH NOCHECK
C. WITH INIT　　　　　　　D. WITH ENCRYPTION

3. 在 DML 触发器被激活时，可以使用两个由系统创建的临时表，它们是（　　）。
A. INSERT、UPDATE　　　　B. INSERTED、UPDATED
C. INSERT、DELETE　　　　D. INSERTED、DELETED

4. 删除触发器的命令是（　　）。
A. DELETE TRIGGER　　　B. ALTER TRIGGER
C. DROP TRIGGER　　　　D. UPDATE TRIGGER

三、判断题

1. 使用存储过程比使用相同的 SQL 语句执行速度慢。（　　）

2．执行存储过程中的语句，EXECUTE 关键字总可以省略。 （ ）
3．CREATE PROCEDURE 语句不能与其他 T-SQL 语句在一个批处理中混合使用。 （ ）
4．DML 触发器作用于表或视图，DDL 触发器作用于服务器和数据库。 （ ）
5．存储过程设计有助于提高整个数据库系统的性能。 （ ）

【课外实践】

实践任务 1　创建并执行带有输入参数的基于插入操作的存储过程

要求：用于在 KCB 表中插入一条新的课程信息，课程信息由变量形式给出。

实践任务 2　创建并执行带有输入参数的基于更新操作的存储过程

要求：用于在 CJB 表中将指定课程成绩大于 55 小于 60 的都提高到 60 分，课程号由输入参数指定。

实践任务 3　创建并执行带有输入参数和输出参数的存储过程

要求：输入参数用于指定学号信息，输出参数用于保存该学生的姓名、性别、专业名和所属院系信息。

实践任务 4　创建并激活 INSERT 触发器

要求：当在 KCB 表中插入一条新课程信息时，激活触发器以提示"插入成功！"。

实践任务 5　创建并激活 UPDATE 触发器

要求：当更新 KCB 表中的课程号列时，激活触发器以级联更新 CJB 表中的相关课程号。

实践任务 6　创建并激活 DELETE 触发器

要求：当删除 XSB 表中的某条学生信息时，激活触发器以级联删除 CJB 表中该学生的相关成绩信息。

模块 10　数据库安全管理

【项目内容】

- 认识 SQL Server 的安全等级
- 选择身份验证模式
- 创建 SQL Server 登录名
- 创建数据库用户
- 管理权限
- 认识权限
- 管理角色

【导航引领】

用战略思维和法治思维方式认识到数据安全关系到国家安全、经济安全、用户安全，进而学习如何对数据库进行分级安全管理，自觉保护数据安全，助力数字经济发展。

【知识目标】

- 理解 SQL Server 的安全等级、身份认证模式
- 理解登录名、数据库用户、架构、权限的含义
- 理解服务器角色、数据库角色的作用

【能力目标】

- 会创建和管理 SQL Server 登录名、数据库用户
- 会设置管理用户权限
- 会管理服务器角色

项目 10.1　认识 SQL Server 的安全等级

数据库通常都保存着重要的商业数据和客户信息，例如，交易记录、工程数据、个人资料等。数据完整性和合法存取会受到很多方面的安全威胁，包括密码策略、系统后门、数据库操作及本身的安全方案。另外，数据库系统中存在的安全漏洞和不当的配置通常会造成严重的后果，而且都难以发现。

20
管理数据库安全

为了防止非法用户对数据库进行操作，以保证数据库的安全，SQL Server 2019 提供了强大的内置的安全性和数据保护，它采用"最少特权"原则，只授予用户工作所需的权限。

对于数据库管理来说，保护数据不受内部和外部侵害是一项重要的工作。SQL Server 2019 的身份验证、授权和验证机制可以保护数据免受未经授权的泄露和篡改。

SQL Server 2019 的安全机制主要包括服务器级别安全机制、数据库级别安全机制、对象级别安全机制。这些机制像一道道上了锁的门，用户必须拥有开门的钥匙才可以通过上一道门到达下一道门，如果用户通过了所有的门，就可以实现对数据的访问，否则用户是无法访问数据的。

任务 10.1.1　了解服务器级的安全性

SQL Server 2019 服务器级的安全性主要通过服务器登录和密码进行控制。SQL Server 2019

提供两种登录方式：一种是 Windows 登录，另一种是 SQL Server 登录。无论使用哪一种方式登录服务器，用户都必须提供登录的账号和密码，不同的账号决定了用户能否获得 SQL Server 2019 的访问权限。

任务 10.1.2　了解数据库级的安全性

在登录 SQL Server 2019 服务器后，用户还将面对不同数据库的访问权限。数据库级的安全性主要通过用户账户进行控制，要想访问一个数据库，必须拥有该数据库的一个用户账户身份。该用户账户是在登录服务器时通过登录账户进行映射的。

在建立用户的登录账户信息时，SQL Server 2019 会提示用户选择默认的数据库。以后用户每次连接上服务器后，都会自动转到默认的数据库上。对于任何用户来说，若在设置登录账户时没有指定默认的数据库，则用户的权限将局限在 Master 数据库以内。

任务 10.1.3　了解数据库对象级的安全性

数据库对象的安全性是核查用户权限的最后一个安全等级。该级别的安全性通过设置数据库对象的访问权限进行控制。在创建数据库对象时，SQL Server 将自动把该数据库对象的拥有权赋予该对象的所有者。数据对象访问的权限包括用户对数据库中数据对象的引用、数据操作语句的许可权限。

默认情况下，只有数据库的所有者才可以在该数据库下进行操作。当一个非数据库所有者想访问该数据库里的对象时，必须事先由数据库的所有者赋予该用户对指定对象执行特定操作的权限。例如：一个用户想访问"XSCJ"数据库中"XSB"表中的信息，则必须先成为该数据库的合法用户，然后，才能获得由"XSCJ"数据库所有者分配的针对"XSB"表的访问权限。

项目 10.2　选择身份验证模式

登录 SQL Server 访问数据的用户，必须要拥有一个 SQL Server 服务器允许登录的账号和密码，只有以该账号和密码通过 SQL Server 服务器验证后才能访问其中数据。SQL Server 2019 提供了 Windows 身份验证和混合身份验证两种模式，每一种身份验证都有一个不同类型的登录账户。无论采用哪种模式，SQL Server 2019 都需要对用户的访问进行两个阶段的检验：验证阶段和许可确认阶段。

1）验证阶段。用户在 SQL Server 2019 获得对任何数据库的访问权限之前，必须登录到 SQL Server 上，且被认为是合法的。SQL Server 或 Windows 要求对用户进行验证。如果验证通过，用户就可以连接到 SQL Server 2019 上；否则，服务器将拒绝用户登录。

2）许可确认阶段。用户验证通过后会登录到 SQL Server 2019 上，此时系统将检查用户是否有访问服务器上数据的权限。

说明：Windows 身份验证模式会启用 Windows 身份验证并禁用 SQL Server 身份验证。混合模式会同时启用 Windows 身份验证和 SQL Server 身份验证。Windows 身份验证始终可用，且无法禁用。

任务 10.2.1　了解 Windows 身份验证

Windows 身份验证是指要登录到 SQL Server 服务器的用户身份由 Windows 系统来进行验证。也就是说，该模式可以使用 Windows 域中有效的用户和组账户来进行身份验证。该模式下的域用户不需要独立的 SQL Server 账户和密码就可以访问数据库。如果用户更新了自己的域密码，也不必更改 SQL Server 2019 的密码。因此，域用户不需记住多个密码，这对用户来说是比较方便的。但是，在该模式下用户仍然要遵从 Windows 安全模式的所有规则，并可以用这种模式去锁定账户、审核登录和迫使用户周期性地更改登录密码。

Windows 身份验证是一种默认的、比较安全的身份验证模式。通过 Windows 身份验证完成的连接又称为信任连接，这是因为 SQL Server 信任由 Windows 提供的凭据。

Windows 身份验证模式有以下主要优点。

1）对用户账户的管理可以交给 Windows 去完成。而数据库管理员则可以专注于数据库的管理。

2）可以充分利用 Windows 系统的用户账户管理工具，包括安全验证、加密、审核、密码过期、最小密码长度、账户锁定等。如果不通过定制来扩展 SQL Server，则 SQL Server 不会具备这些功能。

3）利用 Windows 的用户组管理策略，SQL Server 可以针对一组用户进行访问权限设置，因而可以通过 Windows 对用户进行集中管理。

任务 10.2.2　了解混合模式

SQL Server 2019 的另一种身份验证模式是混合安全的身份验证模式，该模式同时使用 Windows 身份验证和 SQL Server 登录。SQL Server 登录主要用于外部的用户，如：从 Internet 访问数据库的用户。通过配置从 Internet 访问 SQL Server 2019 的应用程序，可以自动地使用指定的账户或提示用户输入有效的 SQL Server 用户账户和密码。

使用混合安全模式，SQL Server 2019 首先确定用户的连接是否使用有效的 SQL Server 用户账户登录。如果用户使用有效的登录和使用正确的密码，则接受用户的连接；如果用户使用有效的登录，但使用不正确的密码，则用户的连接被拒绝。仅当用户没有有效的登录时，SQL Server 2019 才检查 Windows 账户的信息。在这种情况下，SQL Server 2019 将会确定 Windows 账户是否具有连接到服务器的权限。如果账户有权限，连接被接受；否则，连接被拒绝。

任务 10.2.3　选择身份验证模式

如果在安装过程中选择混合模式身份验证，则必须为内置的 sa 账户（SQL Server 系统管理员账户）提供一个强密码并确认该密码。sa 账户通过使用 SQL Server 身份验证进行连接。

如果在安装过程中选择 Windows 身份验证，则安装程序会为 SQL Server 身份验证创建 sa 账户，但会禁用该账户。如果以后要更改为混合模式身份验证并使用 sa 账户，则必须启用该账户。

【例 10-1】　更改 SQL Server 身份验证模式。

其操作步骤如下。

1）在"对象资源管理器"中，右击"服务器"节点，在弹出的快捷菜单中选择"属性"命令，出现"服务器属性"对话框。

2）选择"选择页"列表中的"安全性"选项，在"服务器身份验证"选项组中根据需要选择合适的身份验证模式，如图 10-1 所示。

图 10-1　选择身份验证模式

3）单击"确定"按钮。

项目 10.3　创建 SQL Server 登录名

登录名是用于登录到 SQL Server 数据库引擎的单个用户账户。SQL Server 和 SQL 数据库支持基于 Windows 身份验证的登录名和基于 SQL Server 身份验证的登录名。

任务 10.3.1　了解 SQL Server 内置的登录名

登录 SQL Server 服务器的方式有两种：一种是使用域账户登录。域账户包括域或本地用户账户、本地组账户、通用的或全局的域组账户等。另一种是使用指定的唯一登录 ID 和密码登录。

SQL Server 2019 安装完成后提供有一些内置的登录名，包括本地管理员组、本地管理员、sa、Network Service 和 SYSTEM。

1. 系统管理员组

管理员组在 SQL Server 2019 数据库服务器上属于本地组。该组的成员包括本地管理员用户账户和任何被设置为管理员的本地其他用户。在 SQL Server 2019 中，该组被默认授予 sysadmin 服务器角色。

2. 管理员用户账户

管理员用户账户是指管理员在 SQL Server 2019 服务器上的本地用户账户。该账户提供对本地系统的管理权限，主要在安装系统时使用它。如果计算机是 Windows 域的一部分，管理员账户通常也有域范围的权限。在 SQL Server 2019 中，这个账户被默认授予 sysadmin 服务器角色。

3．sa 账户

sa 是 SQL Server 系统管理员的账户。由于在 SQL Server 2019 中采用了新的集成和扩展的安全模式，sa 不再是必需的。该登录账户的存在主要为了让早期的 SQL Server 版本向后兼容。同样，在 SQL Server 2019 中，sa 被默认授予 sysadmin 服务器角色。在默认安装 SQL Server 2019 时，sa 账户没有被指派密码，且未启用。

【例 10-2】 启用内置的 SQL Server 登录账户 sa，并为其设置强密码。

其操作步骤如下。

1）在"对象资源管理器"中，展开"安全性"→"登录名"节点，如图 10-2 所示。

2）双击"sa 账户"，在出现的对话框的"常规"选项卡中，输入强密码，如图 10-3 所示。

图 10-2　SQL Server 登录名列表

图 10-3　设置 sa 账户密码

3）选择左侧"选择页"列表中的状态"选项，在"设置"区域分别选择"授予"和"启用"单选项，如图 10-4 所示。

4）单击"确定"按钮。

提示：由于 sa 账户经常成为恶意用户的攻击目标，除非应用程序必须使用 sa 账户，一般不要启用该账户，如果需要使用 sa 账户，一定要设置强密码，切忌设置空密码或弱密码。

图 10-4   启用 sa 账户

4. Network Service 和 SYSTEM

Network Service 和 SYSTEM 是 SQL Server 2019 服务器上内置的本地账户，而是否创建这些账户的服务器登录，依赖于服务器的配置。例如，如果已经将服务器配置为报表服务器，此时将有一个 NETWORK SERVICE 的登录账户，这个登录将是 Master、Msdb、ReportServer 和 ReportServerTempDB 数据库的特殊数据库角色"RSExceRole"的成员。

> 📝 提示：RSExceRole 主要用于管理报表服务器架构，且服务器实例的服务账户也将是这个角色的一个成员。

在设置服务器实例期间，Network Service 和 SYSTEM 账户可以是为 SQL Server、SQL Server 代理、分析服务和报表服务器所选择的服务账户。在这种情况下，SYSTEM 账户通常具有 sysadmin 服务器角色，允许其完全访问以管理服务器实例。

任务 10.3.2   创建 SQL Server 登录名

由于 SQL Server 2019 内置的登录名都具有特殊的含义和作用，因此，一般情况下不会分配给普通用户使用，而是为普通用户创建一些合适的、具有相应权限的登录名。

【例 10-3】 创建一个名为"XSCJ_User"的 SQL Server 登录名，使其可以访问"XSCJ"数据库。

其操作步骤如下。

1）在"对象资源管理器"中依次展开"服务器"→"安全性"节点，定位到"登录名"节点。

2）右击"登录名"节点，在弹出的快捷菜单中选择"新建登录名"命令，出现如图 10-5 所示的对话框。

3）在对话框的"登录名"栏中输入"XSCJ_User"；选择"SQL Server 身份验证"单选项，并设置密码和确认密码；在"默认数据库"下拉列表中选择"XSCJ"。

图 10-5 创建 SQL Server 登录名

4）选择左侧"选择页"列表中的"用户映射"选项，出现如图 10-6 所示的对话框。

5）在该对话框中，勾选"XSCJ"数据库前的复选框。

6）单击"确定"按钮，完成 SQL Server 登录账户的创建。

图 10-6 设置"用户映射"

任务 10.3.3 使用 SQL Server 登录名连接服务器

【例 10-4】 测试登录名"XSCJ_User"是否能成功登录服务器，并能访问"XSCJ"数据库。
其操作步骤如下。

1）在"对象资源管理器"中，在工具栏中选择"连接"→"数据库引擎"命令，将打开
"连接到服务器"对话框。

2）在该对话框中，选择"身份验证"下拉列表中"SQL Server 身份验证"选项，在"登录
名"框中输入"XSCJ_User"，在"密码"框输入相应的密码，如图 10-7 所示。

图 10-7　使用"XSCJ_User"登录名连接服务器

3）单击"连接"按钮，出现如图 10-8 所示的"更改密码"对话框。这是因为在创建该登录名时，选择了"用户在下次登录时必须更改密码"选项，如果没有选择该项，则不会出现图 10-8 所示的对话框。

4）在该对话框中，为登录名重新设置密码后，单击"确定"按钮，通过"XSCJ_User"登录名连接到服务器，且可以访问"XSCJ"数据库，只不过此时还不能访问到具体的数据，若要访问数据，还需要映射到数据库用户上。如图 10-9 所示。

图 10-8　"更改密码"对话框

图 10-9　使用"XSCJ_User"登录成功

5）登录成功后，"XSCJ_User"只能访问"XSCJ"数据库，如果使用其他数据库，如"图书管理系统"数据库，就会提示错误信息，如图 10-10 所示。

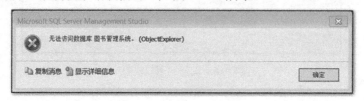

图 10-10　访问错误消息

登录名"XSCJ_User"也可以用下面的命令来创建。

```
CREATE  LOGIN  XSCJ_User WITH  PASSWORD = 'u1_2021'
```

任务 10.3.4　创建 Windows 登录名

如果采用 Windows 身份验证登录 SQL Server，那么该登录名必须存在于 Windows 系统的账户数据库中。如果账户数据库中没有该登录名，则需要创建。在创建 Windows 登录名时，必须确认该登录名是映射到单个用户或 Windows 组或 Windows 内部组（如 Administrator）。通常是将登录名映射到已创建的 Windows 组。

【例 10-5】　创建一个名为"W_user"的 Windows 登录名，并使其能够访问"图书管理系统"数据库。

其操作步骤如下。

1）右击 Windows 10 桌面上的"此电脑"图标，在弹出的快捷菜单中选择"管理"命令，打开"计算机管理"窗口；展开"系统工具"→"本地用户和组"节点，定位到"用户"节点，如图 10-11 所示。

图 10-11　"计算机管理"窗口

2）右击"用户"选项，在弹出的快捷菜单中选择"新用户"命令，出现如图 10-12 所示的对话框。

3）在该对话框中，输入用户名、密码等相关信息，并勾选"密码永不过期"选项。

4）单击"创建"按钮，再单击"关闭"按钮。

5）在"对象资源管理器"中依次展开"服务器"→"安全性"节点，定位到"登录名"节点。

6）右击"登录名"节点，在弹出的快捷菜单中选择"新建登录名"命令，打开"登录名-新建"对话框，单击"搜索"按钮，出现"选择用户或组"对话框，如图 10-13 所示。

图 10-12　创建 Windows 用户

图 10-13　"选择用户或组"对话框

7）单击"高级"按钮，出现如图10-14所示的对话框，在该对话框中，单击"立即查找"按钮，从"搜索结果"列表框中选择"W_user"选项，单击"确定"按钮，返回图 10-13 所示的"选择用户或组"对话框。

图 10-14　选择 W_user 用户

8）单击图10-13中的"确定"按钮后，返回到"登录名-新建"对话框。

9）在该对话框中，选择"选择页"列表框中的"用户映射"选项，勾选"图书管理系统"数据库，如图10-15所示，单击"确定"按钮。

图 10-15　设置 Windows 登录名的"用户映射"

 提示：如果有20人或更多人要访问"XSCJ"数据库，可以为这20人创建一个Windows组，并将一个SQL Server登录映射到这个组上，那么就可以只管理这一个SQL Server登录。

项目 10.4　创建数据库用户

　　在本模块的项目 10.3 中创建了登录名，并通过身份验证连接到 SQL Server 实例上。虽然如此，该登录账户可能还不具备访问数据库的条件，除非为该登录账户映射了相应的数据库用户，比如：在例 10-3 为"XSCJ_User"登录名映射了访问"XSCJ"库的数据库用户 dbo。

　　数据库用户是数据库级的主体，是登录名在数据库中的映射，是在数据库中执行操作和活动的行动者。在 SQL Server 2019 系统中，数据库用户不能直接拥有表、视图等数据库对象，而是通过架构拥有这些对象。

任务 10.4.1　了解默认的数据库用户

　　在 SQL Server 系统中，默认的数据库用户有：dbo 用户、guest 用户和 sys 用户等。

1. dbo 用户

　　dbo 即数据库所有者，它是一个特殊类型的数据库用户，具有特殊的权限。一般来说，创建数据库的用户就是数据库的所有者。dbo 被隐式授予对数据库的所有权限，且能将这些权限授予其他用户。因为 sysadmin 服务器角色的成员被自动映射为特殊用户 dbo，以 sysadmin 角色登录能执行 dbo 所能执行的任何任务。

　　在 SQL Server 数据库中创建的对象也有所有者，这些所有者是指数据库对象所有者。通过 sysadmin 服务器角色成员创建的对象自动属于 dbo 用户。通过非 sysadmin 服务器角色成员创建的对象则属于创建对象的用户，当其他用户需要引用它们时必须以用户的名称来限定。例如：如果 Lanni 是 sysadmin 服务器角色成员，并创建了一个名为 scores 的表，scores 表属于 dbo，所以用 dbo.scores 来限定，或简化为 scores。但如果 Lanni 不是 sysadmin 服务器角色成员，创建了一个名为 scores 的表，scores 表属于 Lanni，所以用 Lanni.scores 来限定。

2. guest 用户

　　guest 用户是一个能被管理员添加到数据库的特殊用户。只要具有有效的 SQL Server 登录，任何人都可以访问数据库。以 guest 账户访问数据库的用户被认为是拥有 guest 用户的身份且继承了 guest 账户的所有权限和许可。例如：如果配置域账户 Lanni 为 guest 账户以访问 SQL Server，那么 Lanni 能使用 guest 登录访问任何数据库，且当 Lanni 登录后，该用户被授予 guest 账户的所有权限。

　　在默认情况下，guest 用户存在于 model 数据库中，且被授予 guest 的权限。由于 model 是创建所有数据库的模板，因此，所有新的数据库都包括 guest 账户，且该账户被授予 guest 权限。guest 账户在 master 和 tempdb 之外的所有数据库中都可以添加或删除，但不能从 master 和 tempdb 数据库中删除。

　　关于 guest 用户信息的说明如下。

✪ guest 用户是公共服务器角色的一个成员，且继承这个角色的权限。

✪ 在任何人以 guest 身份访问数据库前，guest 用户必须存在于数据库中。

✪ guest 用户用于当用户账户具有访问 SQL Server 的权限，但不能通过这个用户账户访问数据库的时候。

3. sys 用户

所有系统对象包含于名为 sys 或 information_schema 的架构中。这是创建在每一个数据库中的两种特殊架构，但它们仅在 master 数据库中可见。相关的 sys 和 information 架构的视图提供存储在数据库里所有数据对象的元数据的内部系统视图。这些视图被 sys 和 information_schema 用户引用。

任务 10.4.2　使用对象资源管理器创建数据库用户

【例 10-6】　在 XSCJ 数据库中创建一个名为"W_U"数据库用户，将它与"W_User"登录名对应。

其操作步骤如下。

1）在"对象资源管理器"窗口中依次展开"服务器"→"数据库"→"XSCJ"→"安全性"节点，定位到"用户"节点。

2）右击"用户"节点，在弹出的快捷菜单中选择"新建用户"命令，打开"数据库用户-新建"对话框。

3）单击"登录名"框右侧的"选项"按钮□，打开如图 10-16 所示的"选择登录名"对话框。

4）在该对话框中，单击"浏览"按钮，打开如图 10-17 所示"查找对象"对话框，勾选已创建的 SQL Server 登录名"DLW\W_User"。

图 10-16　"选择登录名"对话框　　　　图 10-17　选择登录名

5）单击"确定"按钮返回图 10-16 所示的"选择登录名"对话框，再单击"确定"按钮返回"数据库用户-新建"对话框。

6）在该对话框中，设置用户名为"W_U"，默认架构为"dbo"，如图 10-18 所示。

7）选择"选择页"列表框中的"成员身份"选项，勾选用户角色为"db_owner"，单击"确定"按钮，完成数据库用户的创建。

8）刷新"用户"节点，可查看到新建的"W_U"数据库用户。

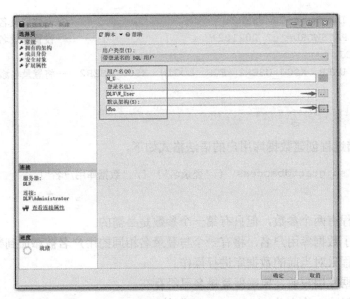

图 10-18　新建数据库用户

任务 10.4.3　使用 T-SQL 语句创建数据库用户

使用 T-SQL 语句创建数据库用户的语法格式如下。

```
CREATE USER 用户名
[ { { FOR | FROM }
  {  LOGIN 登录名               —指定要创建数据库用户的 SQL Server 登录名
   | CERTIFICATE 证书名          —指定要创建数据库用户的证书
   | ASYMMETRIC KEY 非对称密钥}  —指定要创建数据库用户的非对称密钥
   | WITHOUT LOGIN              —指定不将用户映射到现有登录名
} ]
   [ WITH DEFAULT_SCHEMA =架构名]  —指定最先搜索的架构名
```

该命令的选项如下。

1）用户名：指定在此数据库中用于识别该用户的名称。其长度最多 128 个字符。

2）LOGIN：指定要创建数据库用户的 SQL Server 登录名。当以此 SQL Server 登录名进入数据库时，将获取正在创建的数据库用户的名称和 ID。

3）CERTIFICATE：指定要创建数据库用户的证书。

4）ASYMMETRIC KEY：指定要创建数据库用户的非对称密钥。

5）WITHOUT LOGIN：指定不应将用户映射到现有登录名。

6）WITH DEFAULT_SCHEMA：指定服务器为此数据库用户解析对象名时要最先搜索的架构名。

【例 10-7】　创建一个名为"XSCJ_USER2"的 SQL Server 登录名，并将该登录名添加为"XSCJ"数据库的用户。执行结果如图 10-19 所示。

图 10-19　使用 T-SQL 创建数据库用户

```
CREATE  LOGIN  XSCJ_USER2                        --创建登录名
  WITH  PASSWORD='u2_202102'                      --设置登录名密码
USE  XSCJ
CREATE  USER  XSCJ_USER2  FOR  LOGIN  XSCJ_USER2  --将登录名添加为数据库用户
```

任务 10.4.4   使用系统存储过程创建数据库用户

使用系统存储过程创建数据库用户的语法格式如下。

```
[exec]  sp_grantdbaccess  { '登录名'} [, '数据库用户名']
```

参数说明：

1）该存储过程有两个参数，但只有第一个参数是必需的。

2）如果省略了数据库用户名，将有一个与登录名相同的用户名被添加到数据库中。

3）该存储过程只对当前的数据库进行操作。

4）在创建数据库用户前，要确保登录名已经存在。

【例 10-8】 创建一个名为"XSCJ_USER3"的 SQL Server 登录名，并将该登录名添加为"XSCJ"数据库的用户，且用户名为"U3"。

```
CREATE  LOGIN  XSCJ_USER3  WITH  PASSWORD='u3_202102'
GO
USE  XSCJ
EXEC  sp_grantdbaccess  'XSCJ_USER3','U3'
```

项目 10.5 认识权限

通过身份验证可以登录到 SQL Server，并能访问某些数据库，但并不意味着用户能对数据库进行所有的操作。因为 SQL Server 2019 的权限确定了用户能在 SQL Server 或数据库中执行的操作，并根据登录 ID、组成员关系和角色成员关系给用户授予相应权限。

任务 10.5.1   了解权限类型

在 SQL Server 2019 中，按照不同的方式可以把权限分成不同的类型。比如：预定义权限和自定义权限、针对所有对象的权限和针对特殊对象的权限。

所谓预定义权限是指在安装完成 SQL Server 2019 后，不必授权就拥有的权限。比如：预定义服务器角色和数据库角色就属于预定义权限。自定义权限是指那些需要经过授权或继承才能得到的权限。大多数的安全主体都需要经过授权才能获得对安全对象的使用权限。

所谓针对所有对象的权限是指某些权限对所有 SQL Server 2019 中的对象起作用。比如：CONTROL 权限是所有对象都具有的权限。所谓针对特殊对象的权限是指某些权限只能在指定的对象上起作用。比如：DELETE 只能用作表的权限，不可用作存储过程的权限；而 EXECUTE 只能用作存储过程的权限，不能作为表的权限等。

最常用的是把权限分成对象权限、语句权限、隐式权限三类。

1．对象权限

在 SQL Server 2019 中，所有对象权限都是可以授予的。数据库用户可以为特定的对象、特定类型的所有对象和所有属于特定架构的对象管理权限。用户可以管理权限的对象依赖于对象的作用范围。在服务器级别上，用户可以为服务器、站点、登录和服务器角色授予对象权限，也可以为当前的服务器实例管理权限。在数据库级别上，用户可以为应用程序角色、程序集、非对称密钥、凭据、数据库角色、数据库、全文目录、函数、架构、存储过程、表、视图、用户等管理权限。

对某对象的访问可以通过授予、拒绝或撤销操作来控制。例如：对"XSB"表，可以授予 U1 用户选择查询（SELECT）的权限，但拒绝该用户在表中进行插入（INSERT）、更新（UPDATE）或删除（DELETE）信息的权限。表 10-1 中列出了 SQL Server 2019 中部分安全对象的常用权限。

表 10-1　对象权限

安全对象	常用权限
数据库	CREATE DATABASE、CREATE DEFAULT、CREATE FUNCTION、CREATE PROCEDURE、CREATE VIEW、CREATE TABLE、CREATE RULE、BACKUP DATABASE、BACKUP LOG
表	SELECT、DELETE、INSERT、UPDATE、REFERENCES
表值函数	SELECT、DELETE、INSERT、UPDATE、REFERENCES
视图	SELECT、DELETE、INSERT、UPDATE、REFERENCES
存储过程	EXECUTE、SYNONYM
标量函数	EXECUTE、REFERENCES

2．语句权限

语句权限是用于控制创建数据库或数据库中的对象所涉及的权限。例如，如果用户要在数据库中创建表，则应该向该用户授予 CREATE TABLE 语句权限。某些语句权限（如 CREATE DATABASE）适用于语句自身，而不适用于数据库中定义的特定对象。只有 sysadmin、db_owner 和 db_securityadmin 角色的成员才能够授予用户语句权限。表 10-2 中列出了 SQL Server 2019 中可以授予、拒绝或撤销的语句权限。

表 10-2　语句权限

安全对象	常用权限
CREATE DATABASE	确定登录是否能创建数据库，要求用户必须在 master 数据库中或是 sysadmin 服务器角色的成员
CREATE TABLE	确定用户是否具有创建表的权限
CREATE VIEW	确定用户是否具有创建视图的权限
CREATE DEFAULT	确定用户是否具有创建表的列默认值的权限
CREATE RULE	确定用户是否具有创建表的列规则的权限
CREATE FUNCTION	确定用户是否具有在数据库中创建用户自定义函数的权限
CREATE PROCEDURE	确定用户是否具有创建存储过程的权限

3．隐式权限

只有预定义系统角色的成员或数据库和数据库对象所有者才具有隐式权限。所有角色的隐式权限不能被更改，且可以让角色成员具有相关的隐式权限。例如：sysadmin 服务器角色的成员可以在 SQL Server 2019 中执行任何活动，如扩展数据库、终止进程等。任何添加到 sysadmin 角色的账户都能执行这些任务。

数据库和数据库对象所有者也有隐式的权限。这些权限包括操作数据库或拥有数据库对象或二者兼有。例如：拥有表的用户可以查看、增加、更改和删除数据，该用户可具有修改表的定义和控制表的权限。

任务 10.5.2 了解权限的三种操作

在 SQL Server 2019 中，用户和角色的权限以记录的形式存储在各个数据库的 sysprotects 系统表中。权限有授予、拒绝、撤销三种状态。

- ✪ 授予权限（GRANT）：授予权限以执行相关的操作。如果是角色，则所有该角色的成员继承此权限。
- ✪ 撤销权限（REVOKE）：撤销授予的权限，但不会显示阻止用户或角色执行操作。用户或角色仍然能继承其他角色的 GRANT 权限。
- ✪ 拒绝权限（DENY）：显式拒绝执行操作的权限，并阻止用户或角色继承权限，它优先于其他权限。

可以在数据库级别或对象级别授予、拒绝和撤销权限，也可以使用数据库角色分配权限。

任务 10.5.3 理解权限与登录名、数据库用户和数据库对象的关系

权限与登录名、数据库用户和数据库对象间的关系可以用图 10-20 来表示。

图 10-20 权限、登录名、数据库用户、数据库对象间的关系

用户通过登录名连接到数据库引擎服务器，并映射了相应的数据库用户后，还不能操作数据库对象（如数据表、视图、存储过程等），因为还没有授予它相应的权限或角色。

可以这样来理解：数据库引擎服务器像学校里的一座实训大楼，数据库像大楼里的一个个实训室，数据库对象像实训室里的各类物品（如计算机、投影机、实训设备等）。现在，我们

（用户）要使用房间里的这些物品，首先必须要以合法的身份（登录名）进入这座实训大楼，然后到大楼管理员处确认教师身份（数据库用户），拿到钥匙（权限），打开实训室（数据库）的房门后，便可使用房间里的各类物品（数据库对象）。我们可以把拿到钥匙，理解为授予权限，把没有拿到钥匙，理解为拒绝权限；把归还钥匙，理解为撤销权限。

项目 10.6　管理角色

SQL Server 2019 使用角色来集中管理数据库或服务器的权限。角色用于为用户组分配权限。数据库管理员将操作数据库的权限赋予角色。然后，数据库管理员再将角色赋给数据库用户或登录账户，从而使数据库用户或登录账户拥有相应的权限。

角色有两种类型：服务器角色和数据库角色。

任务 10.6.1　认识服务器角色

服务器角色具有授予服务器管理的能力。如果用户创建了一个角色成员的登录，用户就可以用这个登录执行这个角色许可的任何任务。例如：sysadmin 角色的成员在 SQL Server 2019 上有最高级别的权限，且能执行任何类型的任务。

服务器角色应用于服务器级别，其权限会影响整个服务器，且不能更改权限集。服务器角色是预先定义的，不能被添加、修改或删除，所以，服务器角色又称为"预定义服务器角色"或"固定服务器角色"。

服务器角色有 8 个级别，表 10-3 按照最高级别到最低级别角色的顺序进行介绍。

表 10-3　服务器角色及相应权限

服务器角色	权限
sysadmin	为需要完全控制整个 SQL Server 和安装数据库的用户而设计。其成员能在 SQL Server 系统中执行任何任务
setupadmin	为需要管理连接服务器和控制启动过程的用户而设计。其成员可以添加用户到 setupadmin，能添加、删除或配置连接的服务器，并能控制启动过程
serveradmin	为需要设置服务器范围配置选项和关闭服务器的用户而设计。其成员可以添加用户到 serveradmin，并能执行以下任务： ✪ 运行 dbccpintable 命令（从而使表常驻于主内存中） ✪ 运行系统过程 sp_configure（以显示或更改系统选项） ✪ 运行 reconfigure 选项（以更新系统过程 sp_configure 所做的所有改动） ✪ 使用 shutdown 命令关闭数据库服务器 ✪ 运行系统过程 sp_tableoption 为用户自定义表设置选项的值
securityadmin	为需要管理登录、创建数据库权限和读取错误日志的用户而设计。其成员可以添加用户到 securityadmin，授予、拒绝和撤销服务器级别和数据库级别的权限，重置密码和读取错误日志，还能运行如下的系统存储过程：sp_addlinkedsrvlogin、sp_addlogin、sp_defaultdb、sp_defaultlanguage、sp_denylogin、sp_droplinkedsrvlogin、sp_droplogin、sp_grantlogin、sp_helplogins、sp_remoteoption 和 sp_revokelogin
processadmin	为需要控制 SQL Server 进程的用户而设计。其成员可以添加用户到 processadmin，并能执行 KILL 命令来终止进程
diskadmin	为需要管理磁盘文件的用户而设计。其成员能添加用户到 diskadmin，并能运行如下系统过程：sp_addumpdevice 和 sp_dropdevice；执行 disk init 语句
dbcreator	为需要创建、修改、删除和还原数据的用户而设计。其成员能添加用户到 dbcreator，并能执行 create database、alter database、drop database、extend database、restore database、restore log；运行系统存储过程 sp_renamedb
bulkadmin	为需要执行大容量插入到数据库的域账户而设计。其成员可以添加用户到 bulkadmin，并能执行 bulk insert 语句

提示：sa 账号是系统管理员的登录账号。sa 账号永远是固定服务器角色 syadmin 中的成员，且不能从该角色中删除。只有固定服务器角色的成员才能执行系统存储过程来从角色中添加或删除登录账户。

任务 10.6.2　查看服务器角色信息

【例 10-9】　使用系统存储过程查看固定服务器角色信息。执行结果如图 10-21 所示。

图 10-21　查看固定服务器角色

任务 10.6.3　为登录名分配服务器角色

【例 10-10】　为例 10-5 中创建的"W_user"登录名分配 sysadmin 服务器角色。
其操作步骤如下。

1）在"对象资源管理器"窗口依次展开"服务器"→"安全性"→"服务器角色"节点，定位到"sysadmin"节点。

2）双击"sysadmin"节点，打开如图 10-22 所示的"服务器角色属性-sysadmin"对话框。

3）单击"添加"按钮，打开如图 10-23 所示的"选择登录名"对话框。

图 10-22　"服务器角色属性- sysadmin"对话框

图 10-23　"选择登录名"对话框

4）单击对话框中的"浏览"按钮，打开如图 10-24 所示的"查找对象"对话框。

5）在该对话框中，勾选"DLW\W_user"登录名，单击"确定"按钮返回到"选择登录名"对话框，单击"确定"按钮返回到"服务器角色属性-sysadmin"对话框，在"角色成员"列表中可以看到已添加的"DLW\W_user"登录名，如图 10-25 所示。

图 10-24　"查找对象"对话框　　　　　　图 10-25　在 sysadmin 服务器角色中添加成员

6）单击"确定"按钮，即为"DLW\W_user"登录名分配了 sysadmin 服务器角色。

任务 10.6.4　为多个登录名分配服务器角色

【例 10-11】　假设新增加了 5 个管理员，主要负责数据库的创建、修改、删除等工作，且已为他们创建了 5 个登录名："XSCJ_user1""XSCJ_user2""XSCJ_user3""XSCJ_user4""XSCJ_user5"，现在，请给他们分配 dbcreator 服务器角色。

其操作步骤如下。

1）在"对象资源管理器"窗口依次展开"服务器"→"安全性"→"服务器角色"节点，定位到"dbcreator"节点。

2）双击"dbcreator"节点，打开如图 10-26 所示的"服务器角色属性-dbcreator"对话框。

图 10-26　"服务器角色属性-dbcreator"对话框

3）单击"添加"按钮，打开"选择服务器登录名或角色"对话框。

4）在该对话框的"输入要选择的对象名称"文本框中输入"XS"，单击"检查名称"按钮，打开如图 10-27 所示的"找到多个对象"对话框，勾选需要的对象。

5）依次单击三次"确定"按钮即可完成角色的分配。

图 10-27 "选择服务器登录名或角色"对话框

提示：在本例中，由于 5 个登录名中有相同的字符串，所以在选择登录名时，可以只输入部分名称，然后通过"检查名称"按钮来查找部分匹配的对象名称，并从中进行选择。

任务 10.6.5 认识数据库角色

如果需要在数据库级别上分配角色时，可以使用数据库角色。SQL Server 2019 在每一个数据库中都预定义了数据库角色，也就是说每一个数据库都有一组自己的角色。

在 SQL Server 2019 中，有三种类型的数据库角色：预定义（固定）的数据库角色、用户定义的标准角色、用户定义的应用程序角色，下面分别介绍。

1. 固定数据库角色

SQL Server 2019 提供了预定义的数据库角色，它们有不能被更改的权限。在数据库中，每个固定数据库角色都有其特定的权限，这就意味着对于某个数据库来说，固定数据库角色的成员权限是有限的。

在创建数据库时，系统默认创建了 10 个固定数据库角色，它们的权限如表 10-4 所示。

表 10-4 系统默认的 10 个固定数据库角色及其权限

数据库角色	权限
db_owner	用于需要完全控制数据库的所有方面的用户。其成员可以进行如下的操作： ❂ 向其他固定数据库角色中添加成员，或从其中删除成员。 ❂ 运行所有的 DDL 语句。 ❂ 运行 BACKUP DATABASE 和 BACKUP LOG 语句。 ❂ 使用 CHECKPOINT 语句显式地启动检查点进程。 ❂ 运行下列 dbcc 命令：dbcccheckalloc、dbccchecKCBatalog、dbccheckdb、dbccupdateusage。 ❂ 授予、取消或剥夺每一个数据库对象上的下列权限：SELECT、INSERT、UPDATE、DELETE 和 REFERENCES。 ❂ 使用下列系统过程向数据库中添加用户或角色：sp_addapprole、sp_addrole、sp_addrolemember、sp_approlepassword、sp_changeobjectowner、sp_dropapprole、sp_droprole、sp_droprolemember、sp_dropuser、sp_grantdbaccess。 ❂ 使用系统存储过程 sp_rename 为任何数据库对象重新命名
db_accessadmin	用于需要在数据库中添加或删除登录的用户。其成员可以进行如下的操作。 ❂ 可执行系统存储过程：sp_addalias、sp_dropalias、sp_dropuser、sp_grantdbacess、sp_revokedbaccess ❂ 为 Windows 用户账户、Windows 组和 SQL Server 登录添加或删除访问
dbdatareader	用于需要在数据库中查看数据的用户。其成员对数据库中的表或视图具有 SELECT 权限。但这些成员不能把这个权限授予其他任何用户或角色

（续）

数据库角色	权限
dbdatawriter	用于需要对数据库中任意用户表添加或修改数据的用户。其成员对数据库中的任意对象都具有 INSERT、UPDATE 和 DELETE 权限。但这些成员不能把这个权限授予其他任何用户或角色
db_ddladmin	用于需要执行与 SQL Server 的数据定义语言（DDL）相关任务的用户。其成员可以进行如下的操作： ❂ 运行所有 DDL 语句。 ❂ 在任何表上授予 REFERENCESE 权限。 ❂ 使用系统存储过程 sp_procoption 和 sp_recompile 来修改任何存储过程的结构。 ❂ 使用系统存储过程 sp_rename 为任何数据库对象重命名。 ❂ 使用系统存储过程 sp_tableoption 和 sp_changeobjectowner 分别修改表的选项和任何数据库对象的拥有者
db_securityadmin	用于需要管理权限、对象所有权和角色的用户。其成员可以进行如下的操作： ❂ 可执行与安全有关的所有 Transact-SQL 语句(GRANT、DENY 和 REVOKE)。 ❂ 可执行系统存储过程：sp_addapprole、sp_addrole、sp_addrolemember、sp_approlepassword、sp_changeobjectowner、sp_dropapprole、sp_droprole、sp_droprolemember
db_backupoperator	用于需要备份数据库的用户。其成员可以进行如下操作： ❂ 运行 BACKUP DATABASE 和 BACKUP LOG 语句。 ❂ 用 CHECKPOINT 语句显式地启动检查点进程。 ❂ 运行如下 dbcc 命令：dbcccheckalloc、dbccchecKCBatalog、dbcccheckdb、dbccupdateusage
db_denydatareader	用于通过登录限制访问数据库中的数据。其成员不能读取数据库中用户表的任何数据。如果数据库中含有敏感数据且其他用户不能读取这些数据，那么就可以使用这个角色
db_denydatawriter	用于通过登录限制数据库的修改权限。其成员对数据库中的任何数据库对象（表或视图）没有 INSERT、UPDATE 和 DELETE 权限
public	所有数据库用户的默认角色。这样就提供了一种机制，即给予那些没有适当权限的所有用户以一定的（通常是有限的）权限。public 角色为数据库中的所有用户都保留了默认的权限，因此是不能被删除的。一般情况下，public 角色允许用户进行如下的操作： ❂ 使用某些系统过程查看并显示 Master 数据库中的信息。 ❂ 执行一些不需要权限的语句（例如 PRINT）

2. 用户自定义的标准角色

由于固定数据库角色有一组不能更改的权限，有时可能无法满足需要，所以，可以对为特定数据库创建的角色设置权限。如果一个数据库有三种不同类型的用户，第一类是需要查看数据的用户，第二类是需要修改数据的经理，第三类是需要修改数据库对象的开发人员，那么，可以创建三个自定义角色分别指派给这三类用户。

3. 应用程序角色

应用程序角色是一个数据库主体，它使应用程序能够用其自身的、类似用户的特权来运行。使用应用程序角色，可以只允许通过特定应用程序连接的用户访问特定数据。与数据库角色不同的是，应用程序角色在默认情况下不包含任何成员，且是非活动的。应用程序角色使用两种身份验证模式，可以使用 sp_setapprole 来激活，且需要密码。

因为应用程序角色是数据库级别的主体，所以只能通过其他数据库中授予 guest 用户账户的权限来访问这些数据库。因此，任何已禁用 guest 用户账户的数据库对其他数据库中的应用程序角色都不可访问。

应用程序角色和固定数据库角色的区别如下。

1）应用程序角色不包含任何成员。不能将 Windows 组、用户和角色添加到应用程序角色。

2）当应用程序角色被激活后，这次服务器连接将暂时失去所有应用于登录账户、数据库用户等的权限，而只拥有与应用程序相关的权限。在断开本次连接以后，应用程序便会失去作用。

3）默认情况下，应用程序角色非活动，需要密码激活。

4）应用程序角色不使用标准权限。

任务 10.6.6 查看固定数据库角色

【例 10-12】 使用系统存储过程查看固定数据库角色。执行结果如图 10-28 所示。

图 10-28 查看固定数据库角色

任务 10.6.7 查看数据库角色的权限

【例 10-13】 使用系统存储过程查看所有数据库角色的权限。如图 10-29 所示。

图 10-29 查看所有数据库角色的权限

任务 10.6.8 为登录名分配访问权限和数据库角色

【例 10-14】 使用对象资源管理器为已创建的"XSCJ_USER3"登录名分配访问权限和角色。要求：①分配访问 Master 和 Msdb 数据库的权限（使用默认的 public 数据库角色）；②分配访问"XSCJ"数据库的权限和 db_datareader、db_datawriter 数据库角色。

其操作步骤如下。

1）在"对象资源管理器"窗口依次展开"服务器"→"安全性"→"登录名"节点，定位到"XSCJ_USER3"节点。

2）双击"XSCJ_USER3"节点，打开"登录属性"对话框，选择"用户映射"选项，按

图 10-30 所示勾选要访问的数据库和要分配的数据库角色。

　　3）单击"确定"按钮。

图 10-30　为登录名分配访问权限和数据库角色

任务 10.6.9　为多个登录名分配数据库角色

　　【例 10-15】　使用资源管理器为多个登录名分配角色。已知"XSCJ_USER4"和"XSCJ_USER5"登录名在 XSCJ 数据库中的用户名分别为"U4""U5"。要求：为 U4 和 U5 两个数据库用户分配"db_owner"数据库角色。

　　其操作步骤如下。

　　1）在"对象资源管理器"窗口依次展开"服务器"→"数据库"→"XSCJ"→"安全性"→"角色"→"数据库角色"节点，定位到"db_owner"节点。

　　2）双击"db_owner"节点，打开"数据库角色属性"对话框。

　　3）单击"添加"按钮，打开"选择数据库用户或角色"对话框，单击"浏览"按钮打开"查找对象"对话框，选择数据库用户"U4""U5"，如图 10-31 所示。

图 10-31　添加数据库用户

　　4）依次单击两次"确定"按钮返回到"数据库角色属性"对话框，在该对话框中可以看到当前角色拥有的架构及该角色所有的成员，其中包括刚添加的数据库用户"U4""U5"，如图 10-32 所示。

图10-32 "数据库角色属性"对话框

5）单击"确定"按钮完成数据库角色的分配。

任务 10.6.10 为用户自定义标准角色

【例10-16】 在XSCJ数据库中，创建名为"U_role"的自定义角色，并指派给U6和U7数据库用户。要求该角色只能查看XSB表，并拒绝查看"出生日期"和"籍贯"两列的信息。

其操作步骤如下。

1）在"对象资源管理器"窗口依次展开"服务器"→"数据库"→"XSCJ"→"安全性"→"角色"节点，定位到"数据库角色"节点。

2）右击"数据库角色"节点，在弹出的快捷菜单中选择"新建数据库角色"命令，打开如图10-33所示的"数据库角色-新建"对话框。

图10-33 "数据库角色-新建"对话框

3）在该对话框中，设置角色名称为"U_role"，所有者为"dbo"，单击"添加"按钮，选择数据库用户"U6""U7"。

4）选择"选择页"列表框中的"安全对象"选项，单击"搜索"按钮，按图 10-34 所示的顺序将 XSB 表添加为"安全对象"。

图 10-34 将 XSB 表添加为安全对象

5）在如图 10-35 所示的对话框中，勾选"选择"权限右侧的"授予"复选框。

6）单击"列权限"按钮，为该数据库角色配置 XSB 表中每一列的具体权限，如图 10-36 所示。

图 10-35 为自定义角色分配权限   图 10-36 分配列权限

7）依次单击两次"确定"按钮，完成自定义标准角色的创建。

任务 10.6.11　测试用户自定义的标准角色

【例 10-17】　测试用户自定义的标准角色"U_role"。

其操作步骤如下。

1）承接上例。关闭 SSMS 窗口，使用"XSCJ_user6"登录名（这是数据库用户 U6 对应的登录名）重新登录 SQL Server 2019 服务器。

2）在"对象资源管理器"窗口依次展开"服务器"→"数据库"→"XSCJ"→"表"节点，可以看到"表"节点中只显示了 XSB 表，因为该账户只拥有查看 XSB 表的权限。

3）在"新建查询"窗口中，输入"USE XSCJ"和"SELECT 出生日期, 籍贯 FROM XSB"语句并执行，会出现错误，如图 10-37a 所示，这是因为在 XSB 表的"出生日期"和"籍贯"列上设置了"拒绝"查看的"列权限"；而 XSB 表中的其他列授予了权限，则可以查看，如图 10-37b 所示。

a)

b)

图 10-37　验证用户自定义角色的权限

 提示：在创建标准数据库角色时，先给该角色指派权限，然后再将该角色分配给用户，这样，用户将继承给这个角色指派的任何权限。这点与固定数据库角色不同，因为在固定数据库角色中不需要指派权限，只需要添加用户。

【课后练习】

一、填空题

1. SQL Server 2019 的两种身份验证模式是＿＿＿＿＿和＿＿＿＿＿。

2. 在 SQL Server 2019 的安装过程中，内置的 SQL Server 登录名是＿＿＿＿＿。

3．数据库用户是_____的主体，是登录名在_____中的映射。

4．在 SQL Server 2019 系统中，默认的数据库用户有_____、_____和_____等。

5．SQL Server 2019 的角色分为_____和_____两类。

6．由于 SQL Server 服务器角色的权限集是不能更改的，所以服务器角色又称为_____。

7．服务器角色有_____个级别，其中，级别最高的服务器角色是_____。

8．在 SQL Server 2019 中，数据库角色有 3 种：_____、_____和_____。

9．SQL Server 2019 的权限分为_____、_____和_____。

10．授予、撤销、拒绝权限的命令关键字分别是_____、_____和_____。

二、简答题

1．如果有一个名为"Win_user"的登录名，要使该登录名能执行 SQL Server 的任何操作，请问需要将该登录名添加到哪个服务器角色中？

2．如果有一个名为"ST_su"的数据库用户，要使该用户能执行所有数据库的任何操作，请问需要将该用户添加到哪个数据库角色中？

【课外实践】

实践任务 1　创建登录名

要求：分别创建一个 Windows 登录名"Win_user"和一个 SQL Server 登录名"Sql_user"。

实践任务 2　创建数据库用户

要求：创建两个数据库用户"ST_wu"和"ST_su"，使它们分别与"Win_user"和"Sql_user"登录名对应。

实践任务 3　分配服务器角色

要求：为"Win_user"登录名分配 sysadmin 服务器角色。

实践任务 4　分配数据库角色

要求：为"ST_su"用户分配访问"XSCJ"数据库的权限和"db_owner"数据库角色。

实践任务 5　设置权限

要求：修改"ST_su"用户的权限，使其只能对"XSCJ"数据库中的"KCB"表进行 SELECT 操作。

模块 11　维护与管理数据库

【项目内容】

- 备份与还原数据库
- 导入与导出数据

【导航引领】

用底线思维方式学习如何备份数据库和还原数据库；如何使用导入和导出功能与其他数据库进行数据交换；树立前瞻和忧患意识，做到有备无患、遇事不慌，把握用数据备份实现数据恢复的主动权。

【知识目标】

- 理解数据备份的类型和方式
- 理解备份设备、备份策略的含义
- 理解数据导入和导出的方法

【能力目标】

- 会设计备份策略
- 会备份和还原数据库
- 会将数据导入到数据库中和导出数据库中的数据

项目 11.1　备份与还原数据库

近年来计算机软件和硬件系统的可靠性都有了很大改善，但即使是最可靠的软件和硬件，也可能会出现系统故障和产品故障问题。同时，还存在其他一些可能造成数据丢失的因素，如用户的错误操作和蓄意破坏、病毒攻击和自然界不可抗力等。因此，为了保证在发生这些意外时可以最大限度地挽救数据，用户必须定期对数据库进行备份。当数据丢失或被破坏时，可以从数据库备份中将数据库恢复到原来的状态。另外，除了保护数据库安全外，在制作数据库副本和在不同服务器之间移动数据库时，也要用到数据库备份。SQL Server 2019 提供了强大的数据库备份和还原功能。

21
维护与管理
数据库

任务 11.1.1　认识数据库的备份

1. 数据库备份的类型

SQL Server 2019 提供了 4 种备份数据库的方式。

（1）完整备份

备份整个数据库的所有内容，包括事务日志。该备份类型需要比较大的存储空间，且备份的时间也比较长。

（2）差异备份

差异备份是完整备份的补充，只备份上次完整备份后更改的数据。差异备份比完整备份的数据量小，所以速度较快，因此可以经常使用，以降低丢失数据的风险。

（3）事务日志备份

事务日志备份只备份事务日志里的内容。事务日志记录了上一次完整备份或事务日志备份后数据库的所有变动过程。可以使用事务日志备份将数据库恢复到故障点。但在做事务日志备份前，也必须先做完整备份。在还原数据时，除了先要还原完整备份之外，还要依次还原每个事务日志备份，而不是只还原最近一个事务日志备份。

（4）文件和文件组备份

该方式只备份数据库中的某些文件，由于每次只备份一个或几个文件或文件组，因此可分多次来备份数据库，避免大型数据库备份的时间过长。当数据库文件非常庞大时，采用该备份方式很有效。当数据库里的某些文件损坏时，可以只还原被损坏的文件或文件组，从而加快恢复速度。

2. 设计备份策略

在备份数据库时，应该考虑以下几个问题：①数据库备份的时间；②数据库备份的时间间隔；③数据库备份的方式；④数据库备份的地方。

备份数据库会占用系统资源，如果有很多人在使用数据库时最好不要备份数据库。如果数据库里改变的数据量不大，可以每周做一次完整备份，然后每天下班前做一次差异备份或事务日志备份，这样，一旦数据库发生损坏，也可以将数据恢复到前一天下班时的状态。

如果数据库中的数据变动比较频繁，此时，可以使用 3 种备份方式交替使用的方法来备份数据库。例如，每天下班时做一次完整备份，在两次完整备份之间每间隔 8 个小时做一次差异备份，在两次差异备份之间每隔一个小时做一次事务日志备份。这样，一旦数据损坏可以将数据恢复到最近一个小时以内的状态，同时又能减少数据库备份数据的时间和减少备份数据文件的大小。

如果数据库文件过大，可以分别备份数据库文件或文件组，将一个数据库分多次备份。例如一个数据库中，某些表里的数据变动得很少，而某些表里的数据却又经常改变，那么可以将这些数据表分别存储在不同的文件或文件组里，然后通过不同的备份频率来备份这些文件和文件组。

在 SQL Server 2019 中可以将数据备份到磁盘或磁带。如果要将数据库备份到磁盘，有两种方式：一是"文件"方式；二是"备份设备"方式。这两种方式在磁盘中都体现为文件形式。

任务 11.1.2　使用对象资源管理器创建备份设备

【例 11-1】　在"D:\BAK"下创建一个磁盘备份设备，其物理备份设备名为"mydb_back.bak"，逻辑备份设备名为"mydb_back"。

其操作步骤如下。

1）在"对象资源管理器"窗口中依次展开服务器下的"服务器对象"，定位到"备份设备"。

2）右击"备份设备"，在弹出的快捷菜单中选择"新建备份设备"命令，出现如图 11-1 所示的对话框，在"设备名称"框中输入逻辑备份设备名"mydb_back"。

3）在"目标"区域内的"文件"框中，输入物理备份设备名"D:\BAK\mydb_back.bak"。

4）单击"确定"按钮即完成备份设备的创建，如图 11-2 所示。

图 11-1　创建"备份设备"对话框　　　　　　　　　图 11-2　新建的备份设备 mydb_back

任务 11.1.3　使用对象资源管理器备份数据库

【例 11-2】　将 XSCJ 数据库完整备份到 mydb_back 备份设备中，要求：备份文件在 90 天后过期，且覆盖现有的备份集。

其操作步骤如下。

1）在"对象资源管理器"窗口中展开服务器，定位到 XSCJ 数据库。

2）右击 XSCJ 数据库，在弹出的快捷菜单中选择"任务"→"备份"命令，出现"备份数据库"对话框。

3）在对话框的"备份类型"下拉列表中，选择"完整"备份。

4）选择数据库备份的位置。默认情况下，数据库将备份到安装目录中（此处为："D:\Program Files\Microsoft SQL Server\ MSSQL11. MSSQLSERVER\MSSQL\Backup\DB.bak"），在本例中需要单击"删除"按钮将其删除。之后，再单击"添加"按钮出现如图 11-3 所示的"选择备份目标"对话框。

5）在该对话框中，选择"mydb_back"备份设备，单击"确定"按钮返回到如图 11-4 所示的对话框。

图 11-3　"选择备份目标"对话框　　　　　　　　　图 11-4　"备份数据库"对话框

6）选择"选择页"列表框的"备份选项"，在"备份集过期时间"区域的"晚于"框中输入"90"，表示 90 天后过期，如果为 0 则表示不过期。

7）选择"选择页"列表框的"介质选项"，在"覆盖介质"区域中选择"覆盖所有现有备份集"。

8）单击"确定"按钮，开始备份数据库。备份完成后，系统弹出如图 11-5 所示的提示框。

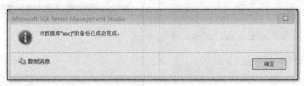

图 11-5 备份数据库完成提示框

任务 11.1.4 认识还原数据库的方式

当数据库的软硬件出现故障或做了大量的误操作时，都需要将数据库还原到最初的状态。还原数据库的方式有以下几种。

1）完整备份的还原：无论是完整备份、差异备份还是事务日志备份的还原，在第一步都要先做完整备份的还原。完整备份的还原只需要还原完整备份文件即可。

2）差异备份的还原：差异备份的还原需要两个步骤，一是先还原完整备份；二是还原最后一次所做的差异备份。只有这样，才能让数据库里的数据恢复到与最后一次差异备份时相同的内容。

3）事务日志备份的还原：事务日志备份的还原比较复杂，需要的步骤较多。例如某个数据库在每个周日做一次完整备份，每天晚上 9 点做一次差异备份，在白天里每隔 3 个小时做一次事务日志备份。假设在周五早上 8 点上班时发现数据库发生故障，那么还原数据库的步骤应该是：①恢复周日所做的完整备份；②恢复周四晚上所做的差异备份；③依次恢复周四差异备份之后的事务日志备份，即周四晚上 12 点、周五早上 3 点及周五早上 6 点所做的事务日志备份。

4）文件和文件组备份的还原：如果只有数据库中的某个文件或文件组损坏了，可使用该还原模式。

任务 11.1.5 使用对象资源管理器还原数据库

在还原数据库之前，应注意两点：一是找到要还原的备份设备或文件，检查其备份集是否正确无误；二是查看数据库的使用状态，查看是否有其他人在使用，如果有，则无法还原数据库。

【例 11-3】 恢复进行了完整备份的 XSCJ 数据库，XSCJ 数据库的物理备份设备名为"D:\BAK\mydb_back.bak"。

其操作步骤如下。

1）在"对象资源管理器"中依次展开服务器下的"数据库"，定位到"XSCJ"。

2）右击该数据库，在弹出的快捷菜单中选择"任务"→"还原"→"数据库"命令，出现如图 11-6 所示的对话框。

3）在该对话框的"源"区域中选择"设备"，单击右侧的 按钮，出现如图 11-7 的对话框。

图 11-6 "还原数据库"对话框   图 11-7 选择备份设备—"mydb_back"

4）在对话框中，选择"备份介质类型"为"备份设备"，单击"添加"按钮，在出现的"选择备份设备"对话框中选择"mydb_back"后，单击"确定"按钮，返回到图 11-7 所示的对话框。

5）单击"确定"按钮，显示结果如图 11-8 所示。

6）选择"选择页"区域中的"选项"命令，在出现的对话框中勾选"覆盖现有数据库"复选框，如图 11-9 所示。

图 11-8 选择源设备和选择目标数据库   图 11-9 在"还原数据库"对话框中设置选项

7）单击"确定"按钮即可还原数据库。

项目 11.2 导入与导出数据

SQL Server 2019 数据库中的数据可以通过导入数据和导出数据功能与外部进行数据交换。可以将其他数据库（如 Access、Excel、Oracle 等）中的数据转移过来，也可以将 SQL Server 中的数据转移到其他数据库中，从而实现各种不同应用系统之间的数据共享。

任务 11.2.1 导入 Excel 表中的数据

【例 11-4】 已知在 D:盘的 SQL 文件夹下有一个 Excel 表"学生课程成绩表.xls"，文件中的数据如图 11-10a～c 所示，要求：将该文件中的数据导入到 XSCJ 数据库中。

	A	B	C	D	E	F	G	H	I
1	学号	姓名	性别	民族	出生日期	籍贯	所属院系	专业名称	总
53	1903050979	赵荣洁	0	满族	2000-11-20	辽宁省	财经管理学院	会计信息管理	
54	1903051005	冯玉婷	0	壮族	2001-02-06	海南省	财经管理学院	电子商务	
55	1903051332	余舒攀	0	汉族	2002-09-24	重庆市	财经管理学院	财务管理	
56	1903051481	王秋凤	0	布依族	1999-08-27	贵州省	财经管理学院	电子商务	
57	1903051501	王静	0	汉族	2001-07-11	山西省	财经管理学院	财务管理	
58	1903051518	张琦	1	苗族	2001-03-23	湖南省	财经管理学院	电子商务	
59	1903051523	张恩宇	1	汉族	2000-11-13	四川省	财经管理学院	财务管理	
60	1903051651	江均书	1	汉族	1998-10-04	贵州省	财经管理学院	财务管理	
61	1903051653	杨天宇	1	彝族	2001-01-28	贵州省	财经管理学院	财务管理	
62	1903051665	苏枫	1	汉族	2001-07-10	陕西省	财经管理学院	电子商务	
63	1903051667	陈样润	1	汉族	1998-12-08	云南省	财经管理学院	财务管理	
64	1903051674	巴桑次仁	1	藏族	1999-12-17	西藏自治	财经管理学院	市场营销	

学生表　课程表　成绩表　⊕

a)

	A	B	C	D	E	F
1	课程号	课程名	授课教师	开课学期	学时	学分
2	1001	ASP.NET应用程序设计	邓剑勋	3	64	4
3	1002	dotnet 开发中的软件安全技术	邓剑勋	4	48	3
4	1003	JAVA程序设计	于澄	3	64	4
5	2001	PTN光传输设备运行与维护	周鑫	3	64	4
6	1004	Python开发技术应用	李力	4	64	4
7	1005	SQL SERVER数据库基础	余平	1	64	4
8	2002	TD-SCDMA基站系统开局与维护	刘良华	2	80	5
9	1006	Web系统安全开发	唐乾林	2	64	4
10	1007	windows配置与管理	陈学平	1	32	2
11	2003	WLAN网络组建与优化	蔺玉珂	2	64	4
12	7001	安全防范系统工程	朱承	1	64	4

学生表　课程表　成绩表　⊕

b)

	A	B	C	D
1	学号	课程号	成绩	学分
2	1803060657	1001	76	4
3	1903010017	1002	87	3
4	1903010046	1003	88	4
5	1903010052	1003	78	4
6	1903010398	1004	73	4
7	1903010829	1005	72	4
8	1903010859	1006	67	4
9	1903011627	1006	56	4
10	1903011629	1007	52	2
11	1903020013	2003	94	4

成绩表　⊕　表

c)

图 11-10　"学生课程成绩表.xls"中的数据

a) 学生表　b) 课程表　c) 成绩表

其操作步骤如下。

1）在"对象资源管理器"中依次展开服务器下的"数据库"，定位到"XSCJ"。

2）右击"XSCJ"数据库，在弹出的快捷菜单中选择"任务"→"导出数据"命令，出现 "SQL Server 导入和导出向导"对话框，单击"Next"按钮，出现图 11-11a 所示的对话框。

3）在"选择数据源"对话框的"数据源"下拉列表中，选择"Microsoft Excel"类型，单击"浏览"按钮，选择要导入的 Excel 数据表，单击"Next"按钮，出现如图 11-11b 所示的对话框。

a)

b)

图 11-11　选择数据源和目标

a) "选择数据源"对话框　b) "选择目标"对话框

4）在"选择目标"对话框的"目标"下拉列表中选择"SQL Server Native Client 11.0"，单击"Next"按钮，在出现的"指定表复制或查询"对话框中选择"复制一个或多个表或视图的数据"，单击"Next"按钮，出现如图 11-12 所示的对话框。

5）在"选择源表和源视图"对话框中，勾选源表中的"学生表"，设置对应的目标表为"XSB"，单击"编辑映射"按钮，可查看源表与目标表的列映射情况，如图 11-13 所示。

图 11-12 "选择源表和源视图"对话框

图 11-13 "列映射"对话框

6）在"列映射"对话框中，选择"删除目标表中的行"选项，单击"确定"按钮，返回图 11-12 所示对话框，单击"Next"按钮，出现如图 11-14 所示的"查看数据类型映射"对话框。

7）单击"Next"按钮，出现"保存并运行"对话框，单击"Next"按钮，单击"Finish"按钮，出现如图 11-15 所示的对话框。

图 11-14 "查看数据类型映射"对话框

图 11-15 导入数据成功

任务 11.2.2 导出数据库中的数据

【例 11-5】 假设已在 D:盘的 SQL 文件夹中创建了一个空的、名为"XSCJ 库导出数据.xls"的 Excel 文件，要求将 XSCJ 数据库中的数据导出到该文件中。

其操作步骤如下。

1）在"对象资源管理器"中依次展开服务器下的"数据库"，定位到"XSCJ"。

2）右击 XSCJ 数据库，在弹出的快捷菜单中选择"任务"→"导出数据"命令，出现"SQL Server 导入和导出向导"对话框，单击"Next"按钮，出现图 11-16 所示的对话框。

图 11-16　"选择数据源"对话框

3）在"选择数据源"对话框的"数据源"下拉列表中选择"SQL Server Native Client 11.0"选项，单击"Next"按钮，出现如图 11-17 的对话框。

图 11-17　"选择目标"对话框

4）在"选择目标"对话框的"数据源"下拉列表中选择"Microsoft Excel"选项，单击"浏览"按钮，选择要保存导出数据的 Excel 表；单击"Next"按钮，在出现的"指定表复制或查询"对话框中选择"复制一个或多个表或视图的数据"，单击"Next"按钮，出现如图 11-18 所示的对话框。

5）在"选择源表和源视图"对话框中，勾选源表中的"XSB""KCB""CJB"选项，单击"编辑映射"按钮，可查看源表与目标表的列映射情况，如图 11-19 所示。

图 11-18 "选择源表和源视图"对话框

图 11-19 "列映射"对话框

6）在"列映射"对话框中，选择"创建目标表"选项，单击"确定"按钮，返回"选择源表和源视图"对话框；单击"Next"按钮，出现如图 11-20 所示的"查看数据类型映射"对话框。

7）单击"Next"按钮，出现"保存并运行"对话框，单击"Next"按钮，单击"Finish"按钮，出现如图 11-21 所示的对话框。

图 11-20 "查看数据类型映射"对话框

图 11-21 导出数据成功

【课后练习】

一、填空题

1. 为防止数据意外丢失，用户必须定期对数据库进行_____。
2. SQL Server 将数据库备份到磁盘的两种方式是_____和_____。
3. 在进行数据库差异备份之前，需先做_____备份。
4. 如果 SQL Server 数据库要使用其他数据库中的数据，可以使用_____功能完成。
5. 如果数据库文件过大，可以分别备份_____或_____，将一个数据库分多次备份。
6. 在创建备份设备时，需要指定_____备份设备名和_____备份设备名。

7. 在进行差异备份的还原时，需要先还原_____备份；再还原_____所做的差异备份。

8. 在还原数据时，如果有其他人正在使用数据库，则_____还原数据库。

二、选择题

1. 在 SQL Server 2019 中，备份数据库的方式有（　　）。

    A．完整备份　　　　　　　　　B．差异备份

    C．事务日志备份　　　　　　　D．文件和文件组备份

2. 备份数据库最花费时间的方式是（　　）。

    A．完整备份　　　　　　　　　B．差异备份

    C．事务日志备份　　　　　　　D．文件和文件组备份

3. 在备份数据库时，应该考虑的因素有（　　）。

    A．备份的时间　　　　　　　　B．备份的时间间隔

    C．备份的方式　　　　　　　　D．备份的地方

4. 在 SQL Server 2019 中，还原数据库的方式有（　　）。

    A．完整备份的还原　　　　　　B．差异备份的还原

    C．事务日志备份的还原　　　　D．文件和文件组备份的还原

【课外实践】

实践任务 1　使用对象资源管理器备份数据库

要求：对 XSCJ 数据库进行完整备份，备份设备名自定义，备份永不过期，且覆盖现有的备份集。

实践任务 2　使用对象资源管理器还原数据库

要求：将实践任务 1 中进行了完整备份的 XSCJ 数据库恢复到一个新的数据库 newXSCJ 中。

实践任务 3　使用对象资源管理器导入数据

要求：创建一个同学通讯录的数据库 TXL，再自制一份同学通讯录的 Excel 表格，将该表格中的数据导入到 TXL 数据库中。

【项目内容】

- 分析客户管理系统需求
- 设计客户管理系统
- 实现客户管理系统

【导航引领】

用系统思维和战略思维方式学习如何综合运用所学的数据库知识，配合前端应用程序开发一个数据库应用系统，夯实信息管理和数据处理基础理论知识，培育数据安全意识，助力数字经济高质量发展。

【知识目标】

- 了解 C/S 结构和 B/S 结构、.NET 框架、ADO.NET
- 掌握调用 SQL Server 数据库的主要方法
- 了解前端开发和后台数据的知识

【能力目标】

- 能根据需求分析设计数据库和数据表
- 会进行数据库连接
- 能创建登录界面和主界面

项目 12.1 分析客户管理系统需求

客户信息一直都是商务活动中的重要资源，随着电子商务的不断发展，客户数量急剧增加，有关客户的各种信息也成倍增长。面对巨大的信息量，不可避免地增加了管理的工作量和复杂程度，且人工管理存在大量的不可控制因素，对客户信息的管理无法规范。本模块以 SQL Server 2019 数据库管理系统为后台数据支撑，配合 Visual Studio 2019 开发平台和 C#语言来设计实现前台界面功能，开发一个客户管理系统，使得信息管理更加规范、方便和有效。

考虑到本系统主要供学习使用，所以只包括了两个简单的功能，一个是密码修改，另一个是客户管理，有兴趣的读者可以在此基础上进行完善和扩充。

1）登录功能：验证用户名和密码是否正确、一致。

2）密码修改功能：客户管理系统只对专门的管理员开放，其他用户不能访问。客户管理员是已经在数据库输入了账号和密码的，所以分发给每一个管理员后，只允许修改密码，不提供其他的功能。

3）客户管理功能：主要提供了对客户信息的添加、修改、删除和查询操作。

项目 12.2 设计客户管理系统

任务 12.2.1 设计系统结构

1. 了解 C/S 结构

Client/Server 结构，即大家熟知的客户机/服务器结构。它是软件系统体系结构，通过它可以充分利用两端硬件环境的优势，将任务合理分配到 Client 端和 Server 端来实现，降低系统的通信开销。C/S 结构的界面和操作简单丰富，系统具有较强的事务处理能力，安全性容易保证，实现多层认证也不难，且响应速度快。

2. 了解 B/S 结构

Browser/Server 结构，即浏览器/服务器结构，是 Web 兴起后的一种网络结构模式，Web 浏览器是客户端最主要的应用软件。这种模式统一了客户端，将实现系统功能的核心部分集中到服务器上，简化了系统的开发、维护和使用。客户机上只要安装一个浏览器，如 Netscape Navigator 或 Internet Explorer，服务器安装 SQL Server、Oracle、MySQL 等数据库。浏览器通过 Web Server 同数据库进行数据交互。

本系统考虑到.NET 在 C/S 结构上的优势，使用了.NET 中的 WinForm 程序来完成。

任务 12.2.2 设计数据库

在 SQL Server 中建立 CustomerManager 数据库，并设计以下表。

1. 客户信息表 CustomerInfo

该表主要用于记录客户的基本信息，结构如表 12-1 所示。

表 12-1 客户信息表 CustomerInfo

名称	字段	类型	长度	备注
客户 ID	CustomerID	int	4	主键，标识列，初值、增量均为 1
客户姓名	CustomerName	varchar	10	不允许为空
性别	Sex	varchar	2	
出生日期	BirthDate	varchar	20	
电话	PhoneNum	varchar	20	不允许为空
地址	Address	varchar	50	
邮编	ZipCode	varchar	6	
客户简介	CustomerProfile	varchar	50	

2. 用户信息表 UserInfo

该表主要用于记录管理员用户登录时的账号和密码，结构如表 12-2 所示。

表 12-2 用户信息表 UserInfo

名称	字段	类型	长度	备注
用户 ID	UserID	int	4	主键，标识列，初值、增量均为 1
用户姓名	UserName	varchar	10	不允许为空，唯一
用户密码	UserPassword	varchar	12	

任务 12.2.3　设计界面

首先，管理员用户通过登录界面进入到系统主界面。接着，管理员用户在主窗体选择相应的菜单命令，可进行密码修改、增加客户、修改客户、删除客户、查询客户或退出等操作。因此本系统应设计以下窗体：登录窗体、系统主窗体、修改密码窗体、增加客户信息窗体、修改客户信息窗体、删除客户信息窗体、查询客户信息窗体。

项目 12.3　实现客户管理系统

任务 12.3.1　创建数据库

在一台安装有 SQL Server 2019 的计算机上，使用集成应用环境 SQL Server Management Studio 创建数据库和数据表。

1．创建 CustomerManager 数据库

创建该数据库的详细代码如下所示。

```
1  CREATE  DATABASE  CustomerManager
```

2．创建 CustomerInfo 数据表

创建该数据表的详细代码如下所示。

```
1  USE  CustomerManager
2  GO
3  CREATE  TABLE  CustomerInfo
4  (
5   CustomerID  int  IDENTITY(1,1)  PRIMARY KEY,
6   CustomerName varchar(10)  NOT NULL,
7   Sex  varchar(2),
8   BirthDate  varchar(20),
9   PhoneNum  varchar(20)  NOT NULL,
10  Address  varchar(50),
11  ZipCode  varchar(6),
12  CustomerProfile  varchar(50)
13 )
```

3．创建 UserInfo 数据表

创建该数据表的详细代码如下所示。

```
1  USE  CustomerManager
2  GO
3  CREATE  TABLE  UserInfo
4  (
5   UserID  int  IDENTITY(1,1)  PRIMARY KEY,
```

```
6    UserName varchar(10) NOT NULL UNIQUE,
7    UserPassword varchar(12)
8  )
```

任务 12.3.2　实现数据库连接类

1. 认识.NET 框架

ADO.NET 中的 ".NET" 从何而来呢？它代表.NET 框架：微软公司用于创建应用程序的一组对象和蓝图（blueprint）。

在.NET 框架下开发的所有应用程序都包含一些关键特性，用于确保其兼容性、安全性和稳定性。

（1）公共语言运行环境

公共语言运行环境（Common Language Runtime，CLR）是一种管理代码执行情况的环境。换句话说，它可以运行并维护代码。

以前，创建应用程序时，使用编程语言（如 Visual Basic）编写一些代码，将其编译成计算机能够理解的格式（由 0 和 1 组成），然后执行它。由于不同的计算机（如 PC 和 Macintosh）使用不同的语言，因此当在其他类型的计算机上使用应用程序时，必须将其重新编译为新计算机所使用的语言。在.NET 框架中，情况稍微有些不同。

有了.NET 框架和 CLR 后，仍需要编写代码并对其进行编译。这里，将代码编译为一种叫作微软中间语言（Microsoft Intermediate Language，MSIL）的语言，而不是编译成某种计算机能够理解的语言。这种语言以简写方式表示所有代码。编译为 MSIL 时，应用程序将生成一些元数据（metadata），它们是关于应用程序的描述性信息，指出应用程序能做什么，归属于哪里等。

除了 MSIL 和元数据外，人们还创建了一类新的编程语言 C#、Cobol、Perl 等。这些语言与已有的语言类似，但除了可以输出编译后的代码外，还可以输出 MSIL。

这样，当要运行程序时，CLR 将接管工作，进一步将代码编译成计算机的本机语言，这样，MSIL 便可以用于任何类型的计算机。CLR 懂得很多不同的计算机语言，并可以完成所有的编译工作。应用程序编译后，便可以在任何计算机上执行。图 12-1 说明了传统处理过程和.NET 框架之间的区别。

传统方法

.NET框架

图 12-1　传统应用程序框架和.NET 框架的区别

.NET 框架与 Java 平台有很多相似的地方。Java 代码也是由一种被称为 Java 虚拟机（JVM）的运行环境翻译和执行的。这使得开发人员只需要编写并编译代码，任何跨平台的问题则由 Java 来处理。

CLR 使用元数据来确定如何运行应用程序，这使得安装程序非常容易。传统的方法要求将关于应用程序的信息存储在注册表（或一个应用程序信息的中央仓库）中。

但是，每当应用程序被修改（移动了其目录、安装了新组件等）时，注册表将无效，应用程序将无法正常运行。使用元数据，根本不需要注册表，所有的应用程序信息都将随应用程序文件一起存储，因此所做的任何修改都将自动生效。可以将安装新应用程序看作只是复制一些文件而已。

在 CLR 中运行的代码被称为管理代码（managed code）。这是因为 CLR 将管理代码的执行，开发人员无须手工联编，因此 CLR 具有一些优点（如资源管理）。在 CLR 之外运行的代码被称为不可管理的代码（unmanaged code）。

CLR 的功能并不止这些，它还提供了诸如错误处理、安全特性、版本的部署支持等服务及跨语言集成等服务。这意味着可以选择任何语言来编写.NET 应用程序。

（2）NET 框架类

.NET 框架中有描述编程对象的蓝图，该框架中的任何东西，包括 ASP.NET 页面、消息框等都可以被视为对象。这些对象被放置在叫作名称空间（namespaces）的逻辑分组中。例如，所有处理数据库的对象都位于名称空间 System.Data 中，所有的 XML 对象都位于名称空间 System.Xml 中，等等。以这种方式对对象进行分组，对构建对象库很有帮助。连接 SQL Server 数据库，将使用名称空间 System.Data.SqlClient。

2. 认识 ADO.NET

ADO.NET 是.NET 连接数据库的重要组件。使用 ADO.NET 可以很方便地访问数据库，ADO.NET 可以访问 Oracle、SQL Server、Access 等主流数据库。通过 ADO.NET 连接数据库主要是使用 ADO.NET 中的以下 5 个类。

（1）数据库连接类

数据库连接类即 Connection 类。如果连接 SQL Server 数据库，则使用 SqlConnection 类。在使用 SqlConnection 类时要引用一个名称为 System.Data.SqlClient 的名称空间。

（2）数据库命令类

数据库命令类即 Command 类。如果连接 SQL Server 数据库，则使用 SqlCommand 类。数据库命令类主要用于执行对数据库的操作，比如增加、修改、删除和查询等操作。

（3）数据库读取类

数据库读取类即 DataReader 类。如果连接 SQL Server 数据库，则使用 SqlDataReader 类。数据库读取类提供了一种只读的、只向前的数据访问方法，因此在访问比较复杂的数据或只是想显示某些数据时再适合不过了。它提供了一种非常有效的数据查看模式，而且还是一种比较节约服务器资源的选择。数据库读取类只有在数据库的连接处于打开状态时才能使用，当数据库关闭时，数据库读取类中就不能够再取值了。

（4）数据集类

数据集类即 DataSet 类。数据集相当于一个虚拟数据库，每一个数据集中包括了多张数据表。即使数据库的连接处于断开状态，还是可以从数据集中继续存取记录，只是数据是存放在数据集中的，并没有存放在数据库中。

（5）数据适配器类

数据适配器类即 DataAdapter 类。如果连接 SQL Server 数据库，则使用 SqlDataAdapter类。数据适配器经常和数据集一起使用，通过数据适配器可以把数据库中的数据存放到数据集中，可以说数据适配器是数据集和数据库之间的一个桥梁。

3．创建数据库连接类

客户管理系统对数据库的操作主要分为两大类：一类是对数据的增加、修改、删除等非查询操作，另一类是对数据的查询操作。这里把两类操作各写成一个方法，具体的代码存放在项目中的 Function 类里。在后面编写软件的过程中就可以很方便地使用，而不用每次都把这些代码再编写一遍。这样做的好处是，一方面减少了代码的编写量，另一方面提高了软件的可读性。详细代码如下所示。

```
1  class Function
2  {
3      public string connString="Data Source=localhost;Initial Catalog=
CustomerManager;Integrated Security=TRUE";
4      public SqlConnection conn;
5      /// <summary>
6      /// 执行对数据库中数据的增加、修改、删除操作
7      /// </summary>
8      /// <param name="sql"></param>
9      /// <returns></returns>
10     public int NonQuery(string sql)
11     {
12         conn = new SqlConnection(connString);
13         int a = -1;
14         try
15         {
16             conn.Open();
17             SqlCommand cmd = new SqlCommand(sql, conn);
18             a = cmd.ExecuteNonQuery();
19         }
20         catch
21         {
22
23         }
24         finally
25         {
26             conn.Close();
27         }
28         return a;
29
30     }
31     /// <summary>
32     /// 执行对数据库中数据的查询操作
```

```
33        /// </summary>
34        /// <param name="sql"></param>
35        /// <returns></returns>
36        public DataSet Query(string sql)
37        {
38            conn = new SqlConnection(connString);
39            DataSet ds = new DataSet();
40            try
41            {
42                conn.Open();
43                SqlDataAdapter adp = new SqlDataAdapter(sql, conn);
44                adp.Fill(ds);
45            }
46            catch
47            {
48
49            }
50            finally
51            {
52                conn.Close();
53            }
54            return ds;
55        }
56    }
```

代码说明。

第 3 行，定义一个数据库的连接串。Data Source 是数据源，是计算机或数据库的实例名，每一个数据库的 Data Source 是不同的，请读者在使用时自行更改。Initial Catalog 是要访问的数据库名。

第 4 行，定义一个数据库连接对象的变量。

第 10～30 行，定义了一个执行增加、修改、删除的非查询操作的方法。在这个方法中，传递一个 SQL 语句作为参数，还用到了异常处理 try…catch…finally 语句。try 后面的括号中放置可能出现异常的语句，catch 后面的括号中写入出现异常时执行的语句，finally 后面括号中的语句无论是否出现异常都会执行。

第 12 行，创建一个数据库连接对象。

第 16 行，打开数据库连接。

第 17 行，创建一个数据库命令对象，其中传递两个参数，分别是要执行的 SQL 语句和数据库连接对象。

第 18 行，对数据库中的数据执行非查询操作，并返回一个整数。如果返回值为-1，则非查询操作执行失败，如果返回值为 0，则没有更新数据库中的数据。

第 26 行，关闭数据库连接。

第 36～55 行，定义了一个执行查询操作的方法，在这个方法中使用数据集来存储从数据库中查询的数据。

第 39 行，创建一个数据集对象。

第 43 行，创建一个数据适配器对象，其中传递两个参数，分别是要执行的 SQL 语句和数据库连接对象。

第 44 行，把数据适配器中的内容填充到数据集。

任务 12.3.3 实现登录界面功能

本系统只对专门的客户管理员开放，其他用户不能够访问，且已经在数据库中设置好管理员的用户名和密码，无须注册。登录窗体，主要使用了 Label、TextBox 和 Button 控件，界面如图 12-2 所示。

图 12-2 登录界面

在登录界面中，输入用户名和密码进行验证。若验证成功，则进入系统的主界面，否则弹出错误提示。

单击图 12-2 中的"确定"按钮，详细代码如下所示。

```
1   private void button1_Click(object sender, EventArgs e)
2   {
3       string sql = "select count(*) from UserInfo where UserName= '{0}'
and UserPassword='{1}'";
4       sql = string.Format(sql, textBox1.Text, textBox2.Text);
5       Function fun = new Function();
6       DataSet ds = fun.Query(sql);
7       if (ds.Tables[0].Rows[0][0].ToString() = = "1")
8       {
9           Main main = new Main(textBox1.Text);
10          main.Show();
11          this.Hide();
12      }
13      else
14      {
15          MessageBox.Show("用户名或密码错误! ");
16      }
17  }
```

代码说明。

第 3 行，定义一条 SQL 语句来查询数据库中是否存在与之相一致的用户名和密码数据。

第 4 行，格式化 SQL 语句，用 textBox1.Text 和 textBox2.Text 替换第 3 行中的{0}和{1}，{0}和{1}被称为占位符。

第 5 行，创建一个数据库连接类 Function 类的对象。

第 6 行，执行对数据库的查询操作，并返回一个 DataSet 类型的数据。

第 7 行，判断查询的数据集中的数据是否为 1。如果是 1，表示查询到数据库中有用户名和密码都相符的数据，则可以登录，否则弹出第 15 行的"用户名或密码错误"的消息框。

第 9 行，创建一个主窗体对象，将用户名显示在登录后的主窗体中。

第 10 行，用 Show 方法显示主窗体。

第 11 行，用 Hide 方法隐藏登录窗体。

单击图 12-2 中的"取消"按钮，详细代码如下所示。

```
1  private void button2_Click(object sender, EventArgs e)
2  {
3      this.Close();
4  }
```

任务 12.3.4　实现主界面功能

登录到主窗体以后，主要有 3 个功能菜单：客户管理、修改密码、退出。其中的客户管理菜单包括了查询客户、增加客户、修改客户、删除客户 4 个子选项。主窗体主要使用了 MenuStrip、PictureBox 和 StatusStrip 等控件，界面如图 12-3 所示。

图 12-3　主界面

建立各菜单项与对应窗口的关联，详细代码如下所示。

```
1  public Main(string username)
2  {
3      InitializeComponent();
4      toolStripStatusLabel1.Text = "欢迎您："+username;  //在状态栏的标签上
                                                           显示用户名
5  }
6
7   private void 修改密码ToolStripMenuItem_Click(object sender, EventArgs e)
8  {
9      UpdatePassword up = new UpdatePassword(toolStripStatusLabel1.Text);
10     up.Show();
11  }
12
13  private void 增加客户ToolStripMenuItem_Click(object sender, EventArgs e)
14  {
15     AddCustomer add = new AddCustomer();
16     add.Show();
17  }
18
19  private void 查询客户ToolStripMenuItem_Click(object sender, EventArgs e)
```

```
20    {
21        QueryCustomer query = new QueryCustomer();
22        query.Show();
23    }
24
25    private void 修改客户ToolStripMenuItem_Click(object sender, EventArgs e)
26    {
27        UpdateCustomer update = new UpdateCustomer();
28        update.Show();
29    }
30
31    private void 删除客户ToolStripMenuItem_Click(object sender, EventArgs e)
32    {
33        DelCustomer del = new DelCustomer();
34        del.Show();
35    }
36
37    private void 退出ToolStripMenuItem_Click(object sender, EventArgs e)
38    {
39        Application.Exit();
40
41    }
```

代码说明。

第 7 行，表明现在使用的事件是修改密码菜单项单击事件。

第 9～10 行，创建一个修改密码窗体 UpdatePassword 对象，并显示该窗体。

第 13 行，表明现在使用的事件是增加客户菜单项单击事件。

第 15～16 行，创建一个增加客户窗体 AddCustomer 对象，并显示该窗体。

第 19 行，表明现在使用的事件是查询客户菜单项单击事件。

第 21～22 行，创建一个查询客户窗体 QueryCustomer 对象，并显示该窗体。

第 25 行，表明现在使用的事件是修改客户菜单项单击事件。

第 27～28 行，创建一个修改客户窗体 UpdateCustomer 对象，并显示该窗体。

第 31 行，表明现在使用的事件是删除客户菜单项单击事件。

第 33～34 行，创建一个删除客户窗体 DelCustomer 对象，并显示该窗体。

第 37 行，表明现在使用的事件是退出菜单项单击事件。

第 39 行，退出整个应用程序。

1. 修改密码

在图 12-3 的主界面中单击"修改密码"菜单项，弹出如图 12-4 所示的"修改密码"窗口。

"修改密码"窗体主要使用了 Label、TextBox 和 Button 控件。在此界面中需输入两次新密码进行比对，只有两次输入的密码相同，才能进行修改。单击图 12-4 中的"确定"按钮，详细代码如下所示。

图 12-4 "修改密码"窗口

```
1   private void button1_Click(object sender, EventArgs e)
2   {
3       if(textBox2.Text= =textBox3.Text)
4       {
5       string sql = "update UserInfo set UserPassword='{0}' where
UserName='{1}'";
6       sql=string.Format(sql,textBox2.Text,textBox1.Text);
7       Function fun =new Function();
8       if(fun.NonQuery(sql)!=-1)
9       {
10          MessageBox.Show("密码修改成功！");
11      }
12      }
13  }
```

代码说明。

第3行，判断textBox2和textBox3中输入的密码是否相等，如果相等，则执行第4~12行的修改操作。

第5行，定义一条SQL语句来修改当前登录用户在数据库中的密码。

第6行，格式化SQL语句，用textBox2.Text和textBox1.Text替换第5行中的{0}和{1}，{0}和{1}被称为占位符。

第7行，创建一个数据库连接类Function类的对象。

第8行，执行对数据库的非查询操作，即向数据表更新数据，返回一个整数。对返回值进行判断，如果返回值不等于-1，则说明更新数据操作成功，弹出第10行的"密码修改成功！"消息框。

2．增加客户信息

在图12-3的主界面中单击"客户管理"菜单项，选择"增加客户"选项，弹出如图12-5所示的"增加客户信息"窗口。

"增加客户信息"窗体主要使用了GroupBox、Label、TextBox、RichTextBox和Button等控件。在此界面中填写客户姓名、性别、出生日期、电话、地址、邮编、客户简介后，单击"确定"按钮就可以把客户信息添加到数据库中。单击图12-5中的"确定"按钮，详细代码如下所示。

图12-5 "增加客户信息"窗口

```
1   private void button1_Click(object sender, EventArgs e)
2   {
3       string sql = "insert into CustomerInfo (CustomerName, Sex, BirthDate,
PhoneNum, Address, ZipCode, CustomerProfile) values('{0}','{1}','{2}','{3}','{4}',
'{5}','{6}')";
4       sql = string.Format(sql, textBox1.Text, textBox2.Text, textBox3. Text,
textBox4.Text, textBox5.Text, textBox6.Text, richTextBox1.Text);
5       Function fun = new Function();
6       if (fun.NonQuery(sql) = = 1)
```

```
 7        {
 8            MessageBox.Show("增加客户信息成功！");
 9        }
10        else
11        {
12            MessageBox.Show("增加客户信息失败！");
13        }
14    }
```

代码说明。

第 3 行，定义了一条 SQL 语句来向数据表插入数据，values 语句中共使用了 7 个占位符。

第 4 行，格式化 SQL 语句，用 textBox1.Text、textBox2.Text、textBox3.Text、textBox4.Text、textBox5.Text、textBox6.Text、richTextBox1.Text 替换第 3 行代码中的 7 个占位符。

第 5 行，创建一个数据库连接类 Function 类的对象。

第 6 行，执行对数据库的非查询操作，即向数据表插入数据，返回一个整数。对返回值进行判断，如果返回值等于 1，说明已经向数据表插入了一条记录，弹出第 8 行的"增加客户信息成功！"消息框；否则，弹出第 12 行的"增加客户信息失败！"消息框。

3. 查询客户信息

在图 12-3 的主界面中单击"客户管理"菜单项，选择"查询客户"选项，弹出如图 12-6 所示的"客户信息查询"窗口。

图 12-6 "客户信息查询"窗口

"客户信息查询"窗体主要使用了 Label、TextBox、Button 和 DataGridView 等控件。在此界面中输入客户姓名，即可将客户的完整信息以表格的形式检索出来。单击图 12-6 中的"查询"按钮，详细代码如下所示。

```
1 private void button1_Click(object sender, EventArgs e)
2 {
3     string sql = "select CustomerID as '客户 ID', CustomerName as '客户
姓名', Sex as '性别', BirthDate as '出生日期', PhoneNum as '电话', Address as '地址',
ZipCode as '邮编', CustomerProfile as '客户简介' from CustomerInfo where
            CustomerName like '%{0}%'";
4     sql = string.Format(sql, textBox1.Text);
5     this.InitDataGridView(sql);
6 }
```

代码说明。

第3行，定义了一条 SQL 语句用来根据客户姓名进行模糊查询，where 语句中使用了一个占位符。

第4行，格式化 SQL 语句，用 textBox1.Text 替换第3行中的占位符。

第5行，刷新客户信息列表，就是把数据表格和从数据库中查询出来的新内容绑定到一起。InitDataGridView(sql)是自定义的客户信息列表刷新的方法，详细代码如下所示。

```
1  public void InitDataGridView(string sql)
2  {
3      Function fun = new Function();
4      DataSet ds = fun.Query(sql);
5      dataGridView1.DataSource = ds.Tables[0];
6  }
```

代码说明。

第3行，创建一个数据库连接类 Function 类的对象。

第4行，执行对数据库的查询操作，并返回一个 DataSet 类型的数据。

第5行，将查询结果与 DataGridView 控件的数据源进行绑定。

4. 修改客户信息

在图 12-3 的主界面中单击"客户管理"菜单项，选择"修改客户"选项，弹出如图 12-7 所示的"修改客户信息"窗口。

"修改客户信息"窗体主要使用了 GroupBox、Label、TextBox、RichTextBox、DataGridView 和 Button 等控件。在此界面中双击数据表格中的一条数据，就会将各个字段显示在下方的修改客户信息对应的文本框里。将相应的内容修改后，单击"确定"按钮即可更新数据库中的客户信息。双击数据表格中的记录将各字段显示到下方的文本框里，详细代码如下所示。

图 12-7 "修改客户信息"窗口

```
1  private void dataGridView1_CellContentDoubleClick(object sender,
              DataGridViewCellEventArgs e)
2  {
3      textBox2.Text = dataGridView1.SelectedRows[0].Cells[1].Value. ToString();
4      textBox3.Text = dataGridView1.SelectedRows[0].Cells[2].Value. ToString();
5      textBox4.Text = dataGridView1.SelectedRows[0].Cells[3].Value. ToString();
6      textBox5.Text = dataGridView1.SelectedRows[0].Cells[4].Value. ToString();
7      textBox6.Text = dataGridView1.SelectedRows[0].Cells[5].Value. ToString();
8      textBox7.Text = dataGridView1.SelectedRows[0].Cells[6].Value. ToString();
9      richTextBox1.Text=dataGridView1.SelectedRows[0].Cells[7].Value.ToString();
10     label9.Text = dataGridView1.SelectedRows[0].Cells[0].Value. ToString();
```

```
11   }
```

代码说明。

第 1 行，表明现在使用的是单元格内容的双击事件。

第 3~10 行，将数据表格中各单元格的内容分别赋值给对应的文本框、多行文本框和标签。

单击图 12-7 中的"确定"按钮，实现修改客户信息功能的详细代码如下所示。

```
1   private void button2_Click(object sender, EventArgs e)
2   {
3       string sql = "update CustomerInfo set CustomerName='{0}',Sex='{1}',
BirthDate='{2}', PhoneNum='{3}',Address='{4}',ZipCode='{5}',CustomerProfile= '{6}'
                where CustomerID={7}";
4       sql = string.Format(sql, textBox2.Text, textBox3.Text, textBox4. Text,
textBox5.Text, textBox6.Text,textBox7.Text,richTextBox1.Text,int.Parse (label9.Text));
5       Function fun = new Function();
6       if (fun.NonQuery(sql) = = 1)
7       {
8           MessageBox.Show("修改客户信息成功！");
9           this.InitDataGridView();
10      }
11      else
12      {
13          MessageBox.Show("修改客户信息失败！");
14      }
15  }
```

代码说明。

第 3 行，定义了一条 SQL 语句来更新数据表中的数据，set 语句中使用了 7 个占位符，where 语句中使用了 1 个占位符。

第 4 行，格式化 SQL 语句，用 textBox2.Text、textBox3.Text、textBox4.Text、textBox5.Text、textBox6.Text、textBox7.Text、richTextBox1.Text 替换第 3 行 set 语句中的 7 个占位符，用 label9.Text 替换 where 语句中的占位符。

第 5 行，创建一个数据库连接类 Function 类的对象。

第 6 行，执行对数据库的非查询操作，即向数据表更新数据，并返回一个整数。对返回值进行判断，如果返回值等于 1，说明已经向数据表更新了一条记录，弹出第 8 行的"修改客户信息成功！"消息框，并按照第 9 行代码刷新客户信息列表；否则，弹出第 13 行的"修改客户信息失败！"消息框。

第 9 行，刷新客户信息列表，就是把数据表格和从数据库中查询出来的新内容绑定到一起。InitDataGridView( )是自定义的客户信息列表刷新的方法，详细代码如下所示。

```
1   public void InitDataGridView()
2   {
3       string sql = "select CustomerID as '客户 ID', CustomerName as '客户
姓名', Sex as '性别', BirthDate as '出生日期', PhoneNum as '电话', Address as '地址',
ZipCode as '邮编', CustomerProfile as '客户简介' from CustomerInfo";
```

```
4        Function fun = new Function();
5        DataSet ds = fun.Query(sql);
6        dataGridView1.DataSource = ds.Tables[0];
7    }
```

代码说明。

1）第 3 行，定义了一条 SQL 语句来向数据表查询数据。

2）第 4 行，创建一个数据库连接类 Function 类的对象。

3）第 5 行，执行对数据库的查询操作，并返回一个 DataSet 类型的数据。

4）第 6 行，将查询结果与 DataGridView 控件的数据源进行绑定。

5. 删除客户信息

在图 12-3 的主界面中单击"客户管理"菜单项，选择"删除客户"选项，弹出如图 12-8 所示的"删除客户信息"窗口。

图 12-8 "删除客户信息"窗口

"删除客户信息"窗体主要使用了 Label、TextBox、DataGridView 和 Button 等控件。可以在此界面的数据表格中选择客户信息数据记录将其删除。单击图 12-8 中的"删除"按钮，详细代码如下所示。

```
1  private void button2_Click(object sender, EventArgs e)
2  {
3      string sql = "delete CustomerInfo where CustomerID={0}";
4      sql = string.Format(sql, dataGridView1.SelectedRows[0].Cells[0].
Value.ToString());
5      Function fun = new Function();
6      if (fun.NonQuery(sql) == 1)
7      {
8          MessageBox.Show("删除客户信息成功！");
9          this.InitDataGridView();
10     }
11     else
12     {
13         MessageBox.Show("删除客户信息失败！");
14     }
15 }
```

代码说明。

第 3 行，定义了一条 SQL 语句来删除数据表中的数据，where 语句中使用了 1 个占位符。

第 4 行，格式化 SQL 语句，用数据表格中选中行的第一个单元格的值（即客户 ID）替换第 3 行中的占位符。

第 5 行，创建一个数据库连接类 Function 类的对象。

第 6 行，执行对数据库的非查询操作，即删除数据表中的数据，返回一个整数。对返回值进行判断，如果返回值等于 1，说明已经对数据表删除了一条记录，弹出第 8 行的"删除客户信息成功！"消息框，且按照第 9 行代码刷新客户信息列表；否则，弹出第 13 行的"删除客户信息失！"消息框。

第 9 行，刷新客户信息列表，就是把数据表格和从数据库中查询出来的新内容绑定到一起。InitDataGridView( ) 是自定义的客户信息列表刷新的方法，详细代码如下所示。

```
1  public void InitDataGridView()
2  {
3      string sql = "select CustomerID as '客户 ID', CustomerName as '客户
姓名', Sex as '性别', BirthDate as '出生日期', PhoneNum as '电话', Address as '地址',
ZipCode as '邮编', CustomerProfile as '客户简介' from CustomerInfo";
4      Function fun = new Function();
5      DataSet ds = fun.Query(sql);
6      dataGridView1.DataSource = ds.Tables[0];
7  }
```

代码说明。

第 3 行，定义了一条 SQL 语句来向数据表查询数据。

第 4 行，创建一个数据库连接类 Function 类的对象。

第 5 行，执行对数据库的查询操作，并返回一个 DataSet 类型的数据。

第 6 行，将查询结果与 DataGridView 控件的数据源进行绑定。

【课后练习】

一、填空题

1. C/S 结构是指＿＿＿＿＿＿＿＿＿＿＿。

2. ADO.NET 中常用的类有（列举 3 个）＿＿＿＿＿、＿＿＿＿＿、＿＿＿＿＿。

3. 当关闭数据库连接时，能够查询数据的对象是＿＿＿＿＿。

二、选择题

1. .NET Framework 是一种（　　　）。

　　A．编程语言　　　　B．程序运行平台　　　C．操作系统　　　D．数据库管理系统

2. 在创建与 SQL Server 数据库的连接时，使用的类是（　　　）。

　　A．Conn　　　　　　　　　　　　B．Connection

　　C．DataReader　　　　　　　　　D．以上都不是

3．在 ADO.NET 中使用命令对象执行非查询操作时使用的方法是（　　　）。

    A．ExecuteQuery( )　　　　　　　　　　B．ExecuteNonQuery( )

    C．ExecuteReader( )　　　　　　　　　　D．以上都不是

4．在 ADO.NET 中，编写数据库连接字符串时，要连接的数据库写在（　　　）属性后面。

    A．Data Source　　　　　　　　　　　　B．Initial Catalog

    C．Integrated Security　　　　　　　　　D．以上都不是

三、简答题

1．CRL、MSIL、Metadata 的含义是什么？

2．简述 B/S 和 C/S 结构。

3．简述 ADO.NET 中的类。

【课外实践】

实践任务　设计与实现图书管理系统

要求：

（1）建立一个图书信息表，字段包括编号、图书名称、价格、出版社、ISBN 号、作者、内容简介、出版日期等信息。

（2）为图书管理系统编写一个数据库的连接类。

（3）设计并实现图书管理的基本功能，包括图书信息的添加、查询、修改和删除等操作。

（4）综合调试图书管理系统。

说明：安装 Microsoft Visual Studio 2019 集成开发环境来调试图书管理系统的各个功能。关于 C#及 Microsoft Visual Studio 2019 的深入学习可参考相关书籍。
